APPLICATION GUIDE FOR
—— Shanghai ——
GREEN
BUILDING
DESIGN

上海市绿色建筑设计应用指南

上海市绿色建筑协会　编著

中国建筑工业出版社

图书在版编目（CIP）数据

上海市绿色建筑设计应用指南/上海市绿色建筑协会编著. — 北京：中国建筑工业出版社，2018.7

ISBN 978-7-112-22363-3

Ⅰ.①上…　Ⅱ.①上…　Ⅲ.①生态建筑—建筑设计—上海—指南　Ⅳ.①TU201.5-62

中国版本图书馆CIP数据核字（2018）第122605号

责任编辑：徐　纺　滕云飞
责任校对：李美娜

上海市绿色建筑设计应用指南
上海市绿色建筑协会　编著
＊
中国建筑工业出版社出版、发行（北京海淀三里河路9号）
各地新华书店、建筑书店经销
北京点击时代文化传媒有限公司制版
上海盛通时代印刷有限公司印刷
＊
开本：880×1230毫米　1/16　印张：12　字数：376千字
2018年7月第一版　2018年7月第一次印刷
定价：60.00元
ISBN 978-7-112-22363-3
（32245）

编委会

前　言

《上海市城市总体规划（2017-2035）》明确要求以习近平新时代中国特色社会主义思想为指导，深入贯彻落实党的十九大和中央城镇化工作会议、中央城市工作会议精神，紧紧围绕统筹推进"五位一体"总体布局和协调推进"四个全面"战略布局，牢固树立"创新、协调、绿色、开放、共享"的发展理念，推行低影响开发模式，推进海绵城市建设，积极发展绿色建筑。

建筑设计是建筑全寿命期的一个重要环节，直接影响到建筑从规划、设计、选材、施工、运营、拆除等各个环节对资源和环境的影响。在上海市住房和城乡建设管理委员会指导下，由上海市绿色建筑协会组织编写的《上海市绿色建筑设计应用指南》（以下简称《指南》）既是对本市绿色建筑规划与设计工作实践的总结和归纳，也是对现行相关标准、规范、规定的分析和解读。

《指南》基于上海市的气候、资源、经济发展水平、人居生活特点和建筑发展现状，充分体现未来绿色建筑"工业化、智慧化、健康化、低碳化、自适应"的发展方向，反映信息技术、智能技术、材料技术、能源技术的最新研究成果，以适应本市绿色建筑快速发展的需要，更好地指导绿色建筑规划与设计工作。

《指南》对照国家现行标准《绿色建筑评价标准》GB／T 50378、本市现行标准《公共建筑绿色设计标准》DGJ 08-2143-20**（在修编）和《住宅建筑绿色设计标准》DGJ 08-2139-20**（在修编），对绿色建筑"设计要点"、"相关标准"、"实施途径"和"设计文件"等进行详细阐释，细化绿色建筑设计的具体要求，确定绿色建筑设计的控制参数、定量指标，并协调处理与其他相关标准的合理衔接，注重科学性、适宜性、可操作性和可持续性。

《指南》将可供绿色建筑规划与设计人员、审图人员、建设管理人员、房地产开发企业以及工程项目经理等参考使用，也可作为本市相关宣传贯彻培训的辅导材料。

编写组成员多为长期从事建筑设计、绿色建筑评价的本市各大设计院、研究院、高校等的总建筑师、总工程师和行业内知名专家。

真挚期望本书能为本市的绿色建筑发展提供有力的技术支撑！

目　录

第一章　概述

《上海市城市总体规划（2017-2035）》明确要求以习近平新时代中国特色社会主义思想为指导，深入贯彻落实党的十九大和中央城镇化工作会议、中央城市工作会议精神，紧紧围绕统筹推进"五位一体"总体布局和协调推进"四个全面"战略布局，牢固树立"创新、协调、绿色、开放、共享"的发展理念，推行低影响开发模式，推进海绵城市建设，积极发展绿色建筑。

建筑设计是建筑全寿命期的一个重要环节，直接影响到建筑从规划、设计、选材、施工、运营、拆除等各个环节对资源和环境的影响。在上海市住房和城乡建设管理委员会指导下，由上海市绿色建筑协会组织编写的《上海市绿色建筑设计应用指南》（以下简称《指南》）既是对上海市绿色建筑规划与设计工作实践的总结和归纳，也是对现行相关标准、规范、规定的分析和解读。

《指南》基于上海市的气候、资源、经济发展水平、人居生活特点和建筑发展现状，充分体现未来绿色建筑"工业化、智慧化、健康化、低碳化、自适应"的发展方向，反映信息技术、智能技术、材料技术、能源技术的最新研究成果，以适应上海市绿色建筑快速发展的需要，更好地指导绿色建筑规划与设计工作。

《指南》基于国家现行标准《绿色建筑评价标准》GB／T 50378-2014、上海市现行标准《公共建筑绿色设计标准》DGJ 08－2143-20**（在修编）和《住宅建筑绿色设计标准》DGJ 08－2139-20**（在修编），对照国家现行标准《绿色博览建筑评价标准》GB/T 51148-2016、《绿色饭店建筑评价标准》GB/T51165-2016、《绿色医院建筑评价标准》GB/T 51153-2015、《绿色商店建筑评价标准》GB/T 51100-2015、中国建筑学会团体标准《健康建筑评价标准》TASC 02-2016，结合相关绿色建筑相关技术细则《绿色数据中心评价技术细则》（住建部2015年12月版）、《绿色超高层建筑评价技术细则》（住建部2016年5月修订版征求意见稿）和《绿色养老建筑评价技术细则》（住建部2016年8月征求意见稿），对绿色建筑"设计要点"、"相关标准"、"实施途径"和"设计文件"等进行详细阐释，注重科学性、适宜性、可操作性和可持续性。

通过"设计要点"，可以了解国家现行标准《绿色建筑评价标准》GB／T 50378-2014的框架下，博览建筑、饭店建筑、医院建筑、商店建筑、健康建筑、数据中心、超高层建筑、养老建筑等不同类型绿色建筑评价标准或技术细则的主要关注点和技术策略，细化不同类型绿色建筑设计的具体要求，便于确定不同类型绿色建筑设计的控制参数和定量指标，并协调处理与其他相关标准的合理衔接。

《指南》适用于上海市新建、改建、扩建民用建筑的绿色设计与管理。

《指南》主要包括下列内容：

第一章　概述

第二章　建筑：1 一般规定；2 规划与建筑布局；3 室外环境；4 室内环境

第三章　结构：1 一般规定；2 结构优化设计

第四章　给水排水：1 一般规定；2 节水系统；3 节水设备与器具；4 非传统水

第五章　供暖通风与空气调节：1 一般规定；2 冷热源；3 水系统与风系统；4 检测与监控

第六章　电气与照明：1 一般规定；2 电气系统；3 照明系统

第七章　景观环境与室内设计：1 一般规定；2 景观环境；3 室内设计

《指南》将可供绿色建筑规划与设计人员、审图人员、建设管理人员、房地产开发企业以及工程项目经理等参考使用，也可作为上海市相关宣传贯彻培训的辅导材料。

编写组成员多为长期从事建筑设计、绿色建筑评价的上海市各大设计院、研究院、高校等的总建筑师、总工程师和行业内知名专家。

真挚期望本书能为上海市的绿色建筑发展提供有力的技术支撑！

第二章　建筑

1　一般规定

1.1　项目选址与布局应符合规划和建设控制要求

| 设计要点 | 1. 不降低周边建筑的日照标准是指：对于新建项目的建设，应满足周边建筑有关日照标准的要求；对于改造项目分两种情况：周边建筑改造前满足日照标准的，应保证其改造后仍符合相关日照标准的要求；周边建筑改造前未满足日照标准的，改造后不可再降低其原有的日照水平。
2. 建筑场地内不应存在未达标排放或者超标排放的气态、液态或固态的污染源。若有污染源应积极采取相应的治理措施并达到无超标污染物排放的要求 |

相关标准

国家标准

名称	条文
《绿色建筑评价标准》 GB/T 50378-2014	4.1.1 项目选址应符合所在地城乡规划，且应符合各类保护区、文物古迹保护的建设控制要求。 4.1.2 场地应无洪涝、滑坡、泥石流等自然灾害的威胁，无危险化学品、易燃易爆危险源的威胁，无电磁辐射、含氡土壤等危害。 4.1.3 场地内不应有排放超标的污染源。 4.1.4 建筑规划布局应满足日照标准，且不得降低周边建筑的日照标准。
《绿色博览建筑评价标准》 GB/T 51148-2016	4.1.1 项目选址应符合所在地城乡规划，且应符合各类保护区、文物古迹保护的建设控制要求。 4.1.2 场地不应有洪涝、滑坡、泥石流等自然灾害的威胁，不应有危险化学品、易燃易爆危险源的威胁，且不应有电磁辐射、含氡土壤等危害。 4.1.3 场地内的污染物排放不应超标。 4.1.4 建筑规划布局不得降低周边建筑的日照标准。
《绿色饭店建筑评价标准》 GB/T 51165-2016	4.1.1 项目选址应符合所在地城乡规划，且应符合各类保护区、文物古迹保护的建设控制要求。

Application Guide for Shanghai Green Building Design

名称	条文
《绿色饭店建筑评价标准》 GB/T 51165-2016	4.1.2 场地应无洪涝、滑坡、泥石流等自然灾害的威胁，无危险化学品、易燃易爆危险源的威胁，无电磁辐射、含氡土壤等危害。 4.1.3 场地内不应有排放超标的污染源。 4.1.4 建筑规划布局应满足相关间距要求，且不得降低周边建筑的日照标准。
《绿色医院建筑评价标准》 GB/T 51153-2015	4.1.1 项目选址应符合所在地城乡规划，且应符合各类保护区、文物古迹保护的建设控制要求。 4.1.2 建设场地不应选择在下列区域： 1 有洪涝、滑坡、泥石流等自然灾害威胁的范围； 2 危险化学品等污染源、易燃易爆危险源威胁的范围； 3 受电磁辐射、含氡土壤等有毒有害物质的危害范围； 4 未对地震断裂带进行避让的范围。 4.1.3 场地内无排放超标污染物，且院区内污染物排放处置符合国家现行有关标准的要求。 4.1.4 医院应规划合理，建筑的间距应满足日照要求，且不应降低周边居住类建筑的日照标准。 4.2.4 医疗区、科研教学区、行政后勤保障区科学规划、合理分区。传染病院、医院传染科病房、焚烧炉等考虑城市常年主导风向对周边环境的影响并设置足够的防护距离。当上述地区受用地限制无法避让周边环境影响时，在适当的防护距离处设置绿化隔离带。本条评价总分值为 7 分，并应按表 4.2.4 的规则评分（略）。 注：依据赋分方式，规划布局合理，得 2 分；建筑朝向、病房楼的日照满足要求，且有利于自然采光，得 2 分；建筑布局有利于自然通风，得 1 分；感染疾病科病房的位置合理并设置了有效隔离，得 2 分。
《绿色商店建筑评价标准》 GB/T 51100-2015	4.1.1 项目选址应符合所在地城乡规划，且应符合各类保护区、文物古迹保护的建设控制要求。 4.1.2 场地应有自然灾害风险防范措施，且不应有重大危险源。 4.1.3 场地内不应有排放超标的污染源。 4.1.4 商店建筑用地应依据城市规划选择人员易到达或交通便利的适宜位置。 4.1.5 不得降低周边有日照要求建筑的日照标准。 4.1.6 场地内人行通道应采用无障碍设计，且应与建筑场地外人行通道无障碍连通。

地方标准

名称	条文
《公共建筑绿色设计标准》 DGJ 08-2143-20**[①]	5.1.1 总体规划的建筑容量控制指标和建筑间距、建筑物退让、建筑高度和景观控制、建筑基地的绿地率和停车等主要技术经济指标，应符合上海市城市规划管理的相关规定、项目所在地区的控制性详细规划或修建性详规和建设项目选址意见的要求。 5.1.2 场地规划应考虑室外环境的质量，应根据项目环境影响评价报告提出的结论与建议，通过建筑布局改善总体环境，采取技术措施确保场地安全。 5.1.3 有日照要求的公共建筑应根据日照分析确定建筑间距，满足自身日照要求，且不应影响相邻有日照要求的建筑。 5.2.4 建筑总平面布置应避免污染物的排放对新建建筑自身或相邻环境敏感建筑产生影响。 6.1.1 建筑设计应按照被动措施优先的原则，优化建筑形体、空间布局、自然采光、自然通风、围护结构保温、隔热等，降低建筑供暖、空调和照明系统的能耗，改善室内舒适度。 6.1.2 有日照要求的公共建筑主要朝向宜为南向或南偏东 30° 至南偏西 30° 范围内。 6.1.3 建筑造型应简约，应符合下列要求： 1 满足建筑使用功能要求，结构和构造应合理； 2 减少纯装饰性建筑构件的使用； 3 对具有太阳能利用、遮阳、立体绿化等功能的建筑室外构件宜与建筑一体化设计。 6.1.4 建筑装修工程宜与建筑土建工程同步设计，装修设计应避免破坏和拆除已有的建筑构件及设施。 6.1.5 建筑设计宜遵循模数协调统一的设计原则进行标准化设计。 6.1.6 建筑室内空间设计应考虑使用功能的可变性，室内空间分隔采用可重复使用的隔墙且隔断的比例不应小于 30%。 6.1.7 建筑设计选用的电梯应考虑节能运行。2 台以上电梯集中排列设计时，应设置电梯群控装置，并应具有自动转为节能运行方式的功能。自动扶梯、自动人行步道应具备空载低速运转的功能。 6.1.8 建筑采用太阳能热水、太阳能光伏发电系统技术时，应与建筑同步设计。
《住宅建筑绿色设计标准》 DGJ 08-2139-20**[①]	5.1.1 居住用地总体规划的建筑容量控制指标和建筑间距、建筑物退让、建筑高度和景观控制、建筑基地的绿地和停车等主要技术经济指标，应符合上海市城市规划管理的相关规定、项目所在地区的控制性详细规划或修建性详规和建设项目选址意见的要求。 5.1.2 建筑场地应根据项目环境影响评价报告提出的结论与建议，通过优化场地规划与设计进行生态补偿和生态修复，并采取措施确保场地安全。 5.1.3 厨房油烟应设置专用井道高空排放；车库废气应按规定高度排放；排烟、排气风口应避开住宅的主要朝向。

---

① 《公共建筑绿色设计标准》DGJ 08-2143 和《住宅建筑绿色设计标准》DGJ 08-2139 尚未正式发布，故标准号时间暂用
20** 代替，后文相同。

名称	条文
《住宅建筑绿色设计标准》 DGJ 08-2139-20**	5.1.4 住宅建筑规划布局应满足日照标准，并应符合上海市城市规划管理的相关规定。 6.1.1 建筑设计应按照被动措施优先的原则，优化建筑形体、空间布局、自然采光、自然通风、围护结构保温、隔热等，降低建筑供暖、空调和照明系统的能耗，改善室内舒适度。 6.1.2 应充分考虑住宅使用人数和使用方式及未来变化，选择适宜的开间和层高，并符合下列要求： 1 住宅套型室内分隔宜具有提高空间使用功能的可变性和改造的可能性； 2 住宅建筑的层高不宜超过 3m；使用集中空调、新风或地面辐射供暖系统的住宅建筑层高不宜超过 3.2m。 6.1.3 建筑主要朝向宜为南向或南偏东 30° 至南偏西 30° 范围内，当建筑处于不利朝向时应采取有效遮阳措施。 6.1.4 建筑造型应简约，并符合下列要求： 1 装饰构件应结合使用功能一体化设计； 2 宜对具有太阳能利用、遮阳等功能的建筑室外构件进行建筑一体化设计。 6.1.5 全装修住宅建筑应做到土建与装修一体化设计，装修设计应避免破坏和拆除已有的建筑构件及设施。 6.1.6 建筑设计宜遵循模数协调统一的设计原则进行标准化设计。

技术细则

名称	条文
《绿色数据中心评价技术细则》 住建部 2015 年 12 月版	4.1.1 项目选址应符合所在地城乡规划，且应符合各类保护区、文物古迹保护的建设控制要求。 4.1.2 场地应无洪涝、滑坡、泥石流、含氡土壤等自然灾害的威胁。 4.1.3 场地应具备与数据中心建筑相适应的市政基础条件，电力、水源、通信应稳定可靠，交通条件应便捷。 4.1.4 场地应远离超标排放的粉尘、油烟、有害气体以及生产或贮存具有腐蚀性污染源；远离除自身以外的强振源和强噪声源以及易燃易爆危险源的威胁；避开强电磁场干扰。 4.1.5 场地内建筑规划布局不影响周围建筑满足其日照要求，不得降低周边建筑的日照标准，不得对周边建筑带来光污染。 4.2.3 鼓励项目选址在能充分利用自然冷源的区域。按下列规则分别评分并累计： 1 项目选址在夏热冬冷地区，得 2 分；选址在温和地区，得 4 分；选址在寒冷地区得 5 分；选址在严寒地区，得 6 分。 2 项目选址在沿海地区，且利用海水作为自然冷源，再得 6 分。 评价总分值：12 分。

名称	条文
《绿色超高层建筑评价技术细则》（修订版征求意见稿）住建部 2016 年 5 月	4.1.1 项目选址应符合所在地城乡规划与合各类保护区、文物古迹保护的建设控制要求。 4.1.2 场地应无洪涝、滑坡、泥石流等自然灾害的威胁，无危险化学品、易燃易爆危险源的威胁，无电磁辐射、含氡土壤等危害。 4.1.3 场地内不应有排放超标的污染源。
《绿色养老建筑评价技术细则》（征求意见稿）住建部 2016 年 8 月	4.1.1 项目选址应符合所在地城乡规划，且应符合各类保护区、文物古迹保护的建设控制要求。 4.1.2 场地应无洪涝、滑坡、泥石流等自然灾害的威胁，无危险化学品、易燃易爆危险源的威胁，无电磁辐射、含氡土壤等危害。 4.1.3 场地内不应有排放超标的污染源。 4.1.4 建筑规划布局应满足日照标准，且不得降低周边建筑的日照标准。

实施途径 1. 根据国家现行标准《绿色博览建筑评价标准》GB/T 51148-2016，博览建筑为博物馆建筑与展览建筑的总称。

博览建筑需特别注意使用有害气体、辐射仪器或产生灰尘、废气、污水、废液的技术用房，应满足环境保护的规定，废气排放应作净化处理，废液排放应满足相关要求，所有污染物的排放不能超标。

博览建筑自身没有日照标准要求，只需注意对周边建筑日照的影响。

2. 根据国家现行标准《绿色饭店建筑评价标准》GB/T 51165-2016，饭店建筑是以提供临时住宿功能为主，并附带有饮食、商务、会议、休闲等一定配套服务功能的公共建筑，也常称为旅馆建筑、酒店建筑、宾馆建筑、度假村建筑等。

3. 医院建设场地应避开人群活动密集单位。在选址时不宜与购物中心、交通枢纽以及幼儿园、中小学校等具有较多敏感人群的单位相邻。

建筑总体布局应考虑住院病区中 50% 以上的病房具有良好日照，病房前后间距应满足日照要求，且不宜小于 12m。

对场地内产生的放射线、电磁波、医疗废物、生活垃圾、医院污废水、粉尘和噪声等，要采取必要防护措施。

4. 根据国家现行标准《绿色商店建筑评价标准》GB/T 51100-2015，商店业态主要包括百货商场、购物中心、超级市场、菜市场、专业店、步行商业街等；商店规模主要分为大、中、小型（分别是建筑面积 20000m² 以上、5000 ~ 20000m²、5000m² 以下）。

建筑专业的设计说明、施工图、计算书，项目区位图、场地地形图以及当地城乡规划、国土、文化、园林、旅游等有关行政管理部门提供的法定规划文件或出具的证明文件，环评报告及相关应对措施，日照模拟分析报告等。

1.2 项目节约集约利用土地

设计要点	容积率是由城市规划管理部门确定的，是绿色建筑设计的基本要求，设计中只能优于规划提出的指标而不允许降低指标。

相关标准

国家标准

名称	条文
《绿色建筑评价标准》 GB/T 50378-2014	4.2.1 节约集约利用土地，评价总分值为 19 分。对居住建筑，根据其人均居住用地指标按表 4.2.1-1 的规则评分；对公共建筑，根据其容积率按表 4.2.1-2 的规则评分（略）。 注：依据赋分方式，其中，公共建筑容积率达到 0.5，得 5 分；达到 0.8，得 10 分；达到 1.5，得 15 分；达到 3.5，得 19 分。
《绿色博览建筑评价标准》 GB/T 51148-2016	4.2.1 节约集约利用土地，评价总分值为 17 分，按下列规则分别评分： 1 博物馆建筑的容积率：达到 0.5，得 5 分；达到 0.8，得 9 分；达到 1.3，得 13 分；达到 1.5，得 17 分； 2 展览建筑的容积率：达到 0.3，得 5 分；达到 0.5，得 9 分；达到 0.8，得 13 分；达到 1.0，得 17 分。
《绿色饭店建筑评价标准》 GB/T 51165-2016	4.2.1 节约集约利用土地，评价总分值为 19 分，按下列规则分别评分并累计。 1 饭店建筑的容积率：按表 4.2.1 的规则评分，最高得 12 分（略）； 注：依据赋分方式，其中，饭店建筑容积率达到 0.5，得 4 分；达到 1.5，得 8 分；达到 3.5，得 12 分； 2 70% 以上标准客房使用面积：不大于 36m²，得 3 分；不大于 25m²，得 7 分。
《绿色医院建筑评价标准》 GB/T 51153-2015	4.2.1 合理开发利用土地，在保证功能和环境要求的前提下节约土地。本条评价总分值为 19 分，并应按表 4.2.1 的规则评分（略）。 注：依据赋分方式，符合城乡规划有关控制要求，得 2 分。采用合理的床均用地面积，在相关医院建设标准的规定值 ±5% 以内，得 7 分；小于相关医院建设标准的规定值 5.1% ~ 25% 以内，得 6 分；小于相关医院建设标准的规定值 25.1% ~ 40% 以内，得 4 分。采用合理的容积率，可得 4 ~ 9 分。

名称	条文
《绿色商店建筑评价标准》 GB/T 51100-2015	4.2.1 节约集约利用土地，评价总分值为 19 分，根据其容积率按表 4.2.1 的规则评分（略）。 注：依据赋分方式，容积率达到 0.8，得 5 分；达到 1.5，得 8 分；达到 3.5，得 10 分。

地方标准

名称	条文
《公共建筑绿色设计标准》 DGJ 08-2143-20**	5.2.1 建筑容积率指标应满足规划控制要求，且不应小于 1.0。
《住宅建筑绿色设计标准》 DGJ 08-2139-20**	5.2.1 应控制人均居住用地指标，各类住宅用地指标不应大于表 5.2.1 的要求（略）。

技术细则

名称	条文
《绿色数据中心评价技术细则》 住建部 2015 年 12 月版	4.2.1 节约集约利用土地。并按下列规则评分： 1 独立园区型数据中心建筑容积率达到 0.5，得 5 分；达到 0.8，得 12 分；达到 1.0，得 16 分。 2 功能混合型数据中心建筑容积率达到 0.5，得 5 分；达到 0.8，得 10 分；达到 1.5，得 12 分；达到，3.5，得 16 分。 评价总分值：16 分 4.2.2 鼓励利用已开发的土地。按下列规则分别评分并累计： 1 选择已开发用地或合理利用废弃地的项目，得 2 分； 2 利用原有建筑改建为数据中心的项目，原有建筑面积占到改建后总建筑面积的 75% 及以上，得 2 分。 评价总分值：4 分。
《绿色养老建筑评价技术细则》 （征求意见稿） 住建部 2016 年 8 月	4.2.1 节约集约利用土地，评价总分值为 15 分，根据容积率按表 4.2.1 的规则评分（略）。 注：依据赋分方式，容积率达到 0.5，得 5 分；达到 1.0，得 10 分；达到 2.0，得 15 分。

实施途径　　容积率应按下列的方法进行核算：

1. 申报项目用地性质明确且由独立用地边界时，其容积率应按所在地城乡规划管理部门核发的建设用地规划许可证规划条件提出的容积率进行核算。

2. 申报项目为某个综合开发项目中的部分建筑申报时，或特殊的附属建筑，如位于公园内的附属建筑（游客中心、休息室等），依照建设用地规划许可证的规划条件，征得所在地城乡规划管理部门同意单独进行计算。

设计文件

建筑专业的设计说明、施工图、计算书，包括总用地面积、地上总建筑面积、容积率指标计算书等。

1.3 项目合理开发利用地下空间

设计要点	1. 地下空间可作为停车场所、设备机房、储藏空间。 2. 人员活动频繁的地下空间，应满足空间使用的安全、便利、舒适及健康等方面要求。

相关标准

国家标准

名称	条文
《绿色建筑评价标准》 GB/T 50378-2014	4.2.3 合理开发利用地下空间。评价总分值为 6 分，并按下列规则分别评分（略）。 注：依据赋分方式，居住建筑，地下建筑面积与地上建筑面积的比率达到 5%，得 2 分；达到 15%，得 4 分；达到 25%，得 6 分。公共建筑，地下建筑面积与总用地面积之比达到 0.5，得 3 分；达到 0.7，且得地下一层建筑面积与总用地面积的比率不高于 70%，6 分。
《绿色博览建筑评价标准》 GB/T 51148-2016	4.2.3 合理开发利用地下空间，评价总分值为 6 分，按下列规则分别评分： 1 博物馆建筑的地下建筑面积与总用地面积之比：达到 0.4，得 3 分；达到 0.6，得 6 分； 2 展览建筑的地下建筑面积与总用地面积之比：达到 0.2，得 3 分；达到 0.4，得 6 分。
《绿色饭店建筑评价标准》 GB/T 51165-2016	4.2.3 合理开发利用地下空间。评价总分值为 6 分，按表 4.2.3 的规则评分（略）。 注：依据赋分方式，地下建筑面积与总用地面积之比达到 0.5，得 3 分；达到 0.7，且地下一层建筑面积与总用地面积的比率不高于 70%，6 分。
《绿色医院建筑评价标准》 GB/T 51153-2015	4.2.3 合理开发利用地下空间。本条评价总分值为 9 分，并应按表 4.2.3 的规则评分（略）。 注：依据赋分方式，合理协调地上及地下空间的承载、震动、污染、采光及噪声等问题，避免对既有设施造成损害，预留用地具备与未来设施连接的可能性，得 1 分。地下建筑面积与总用地面积之比达到 0.5，得 3 分；达到 0.7，且地下一层建筑面积与总用地面积的比率不高于 70%，6 分。人员活动频繁的地下空间合理设置引导标志及无障碍设施，得 1 分；与周边或院区内相关建筑的地下空间设有连通通道，得 1 分。

名称	条文
《绿色商店建筑评价标准》 GB/T 51100-2015	4.2.3 合理开发利用地下空间，评价总分值为 10 分，根据地下建筑面积与总用地面积之比按表 4.2.3 的规则评分（略）。 注:依据赋分方式，地下建筑面积与总用地面积之比低于 0.5，得 2 分;达到 0.5，得 6 分;达到 1.0，得 10 分。

地方标准

名称	条文
《公共建筑绿色设计标准》 DGJ 08-2143-20**	5.2.3 总平面规划布局应合理利用地下空间，地下建筑面积不宜小于建筑总用地面积的 50%，且地下一层建筑面积不宜大于总用地面积的 70%。
《住宅建筑绿色设计标准》 DGJ 08-2139-20**	5.2.3 应合理开发和利用地下空间，地下建筑面积与地上建筑面积的比率不应小于 5%。

技术细则

名称	条文
《绿色数据中心评价技术细则》 住建部 2015 年 12 月版	4.2.5 合理开发利用地下空间。评分规则如下: 地下建筑面积与总用地面积之比:达到 0.5，得 3 分;达到 0.7，同时地下一层建筑面积与总用地面积的比率小于 70%，得 6 分。 评价总分值: 6 分。
《绿色超高层建筑评价技术细则》（修订版征求意见稿） 住建部 2016 年 5 月	4.2.3 合理开发利用地下空间，评价总分值为 9 分，按表 4.2.2 的规则评分（略）。 注:依据赋分方式，地下建筑面积与总用地面积之比达到 0.5，得 4 分;达到 0.7，得 6 分;地下一层建筑面积与总用地面积的比率不高于 70%，3 分。

实施途径　1. 冷冻机房、通风机房、水泵房、电缆充气控制室等一些有较大噪声的房间，满足安全使用要求时，宜设于地下室内，同时采取一定隔振隔声措施，降低噪声对周围环境的影响。

2. 人员活动频繁的地下空间，应满足空间使用的安全、便利、舒适及健康等方面要求，并合理设置引导标志及无障碍设施。

3. 展览建筑相对比较分散，占地面积较大，大多数没有或很少有地下室。

4. 饭店建筑在山地或坡地的半地下室，可一并计入地下建筑面积。

5. 对于因建筑场地原因（如吹填海岛、土壤中放射性元素严重超标等）不宜过度开发利用地下空间的场地，可根据具体情况不设或少设地下空间。

设计文件

建筑专业的设计说明、施工图、计算书，包括总用地面积、地下建筑面积、地下一层建筑面积及相关计算书等。

2 规划与建筑布局

2.1 项目公共服务设施便利

设计要点	建筑单体的"场地出入口"用"建筑主要出入口"替代。

相关标准

国家标准

名称	条文
《绿色建筑评价标准》 GB/T 50378-2014	4.2.11 提供便利的公共服务，评价总分值为 6 分，并按下列规则评分： 1 居住建筑：满足下列要求中 3 项，得 3 分；满足 4 项及以上，得 6 分： 1）场地出入口到达幼儿园的步行距离不大于 300m； 2）场地出入口到达小学的步行距离不大于 500m； 3）场地出入口到达商业服务设施的步行距离不大于 500m； 4）相关设施集中设置并向周边居民开放； 5）场地 1000m 范围内设有 5 种及以上的公共服务设施。 2 公共建筑：满足下列要求中 2 项，得 3 分；满足 3 项及以上，得 6 分： 1）2 种及以上的公共建筑集中设置，或公共建筑兼容 2 种及以上的公共服务功能； 2）配套辅助设施设备共同使用、资源共享； 3）建筑向社会公众提供开放的公共空间； 4）室外活动场地错时向周边居民免费开放。
《绿色博览建筑评价标准》 GB/T 51148-2016	4.2.11 提供便利的公共服务，评价总分值为 6 分。提供下列服务中 3 项，得 3 分；提供 4 项，得 6 分： 1）建筑兼容 2 种及以上的公共服务功能； 2）配套辅助设施共同使用、资源共享； 3）建筑向社会公众提供开放的公共空间； 4）室外活动场地错时向周边居民免费开放； 5）有观众休息场所，有充足的座椅； 6）公众区域女厕所的大便器配置数量不低于现行行业标准《博物馆建筑设计规范》JGJ 66 和《展览建筑设计规范》JGJ 218 配置标准的 1.25 倍；或设有不低于女厕所大便器配置标准的 25% 的无性别厕所。
《绿色饭店建筑评价标准》 GB/T 51165-2016	4.2.11 提供便利的公共服务，评价总分值为 3 分。满足下列要求中 2 项，得 1 分；满足 3 项及以上，得 3 分：

名称	条文
《绿色饭店建筑评价标准》 GB/T 51165-2016	1 2 种及以上的公共建筑集中设置，或建筑兼容 2 种及以上的公共服务功能； 2 配套辅助设施设备对外共同使用、资源共享； 3 建筑向社会公众提供开放的公共空间； 4 室外活动场地错时向公众免费开放。
《绿色商店建筑评价标准》 GB/T 51100-2015	4.2.8 提供便利的公共服务，评价总分值为 10 分。满足下列要求中 2 项，得 5 分；满足 3 项，得 10 分： 1 商店兼容 2 种以上的公共服务功能； 2 向社会公众提供开放的公共空间； 3 配套辅助设施设备对外共同使用、资源共享。

地方标准

名称	条文
《公共建筑绿色设计标准》 DGJ 08-2143-20**	5.3.4 会议、展览、健身、餐饮、车库、设备机房等公共设施或辅助设施宜集中布置、资源共享。基地内的公共设施、体育设施、活动场地、架空层、架空平台等公共空间宜满足对社会开放使用的要求。
《住宅建筑绿色设计标准》 DGJ 08-2139-20**	5.2.4 居住区内配套公共服务设施的建设标准应符合上海市现行标准《城市居住地区和居住区公共服务设施设置标准》DGJ 08-55 的有关规定或该地区经批准的详细规划规定；配套公共服务设施相关项目宜集中设置，宜与周边地区实现资源共享。 5.2.5 场地内市政公用设施的布置应避免对场地环境质量的影响。住宅建筑与餐饮类商业建筑、变电站、垃圾站、地面停车场、地下车库出入口的间距应符合上海市相关标准的规定。

团体标准

名称	条文
《健康建筑评价标准》 中国建筑学会 TASC 02-2016	7.1.1 设有健身运动场地，面积不少于总用地面积的 0.3% 且不少于 60m²。 7.2.1 设有室外健身场地，评价总分值为 16 分，并按下列规则分别评分并累计： 1 室外健身场地面积，不少于总用地面积的 0.5% 且不少于 100m²，得 5 分；不少于总用地面积的 0.8% 且不少于 160m²，得 10 分； 2 室外健身场地 100m 范围内设有直饮水设施，得 6 分。 7.2.2 设置宽度不少于 1.25m 的专用健身步道，设有健身引导标识，评价总分值为 12 分。健身步道的长度，不少于用地红线周长的 1/4 且不少于 100m，得 6 分；不少于用地红线周长的 1/2 且不少于 200m，得 12 分。 7.2.4 建筑室内设有免费健身空间，评价总分值为 16 分。健身空间的面积，不少于地上建筑面积的 0.3% 且不少于 60m²，得 8 分；不少于地上建筑面积的 0.5% 且不少于 100m²，得 16 分。

名称	条文
《健康建筑评价标准》 中国建筑学会 TASC 02-2016	7.2.5 设置便于日常使用的楼梯，评价总分值为 12 分，并按下列规则分别评分并累计： 1 楼梯间与主入口距离不大于 15m 或设有明显的楼梯间引导标识，并设有鼓励使用楼梯的标识或激励办法，得 5 分； 2 楼梯间有天然采光和良好的视野，得 5 分； 3 楼梯间设有人体感应灯，得 2 分。 7.2.6 设有可供健身或骑自行车人使用的服务设施，评价总分值为 12 分，并按下列规则分别评分并累计： 1 设有更衣设施，得 6 分； 2 设有公共淋浴设施，且淋浴头不少于建筑总人数的 0.3%，得 6 分。

技术细则

名称	条文
《绿色超高层建筑评价技术细则》 （修订版征求意见稿） 住建部 2016 年 5 月	4.2.9 提供便利的公共服务，满足下列要求中 2 项，得 4 分；满足 3 项及以上，得 8 分： 1 建筑兼容 3 种及以上的公共服务功能； 2 配套辅助设施设备共同使用、资源共享； 3 建筑向社会公众提供开放的公共空间； 4 室外活动场地错时向周边居民免费开放。
《绿色养老建筑评价技术细则》 （征求意见稿） 住建部 2016 年 8 月	4.2.12 提供便利的适老化公共服务，评价总分值为 6 分，并按下列规则评分： 1 老年人住宅、老年人公寓：满足下列要求中 3 项，得 3 分；满足 4 项及以上，得 6 分： 1）场地出入口到达社区日间托管服务和上门服务的社区养老服务场所的步行距离不大于 300m； 2）场地出入口到达社区室外适老化公共活动场所的步行距离不大于 500m； 3）场地出入口到达商业服务设施的步行距离不大于 500m； 4）养老设施集中设置并向周边居民开放； 5）场地 1000m 范围内设有 5 种及以上的公共服务设施。 2 养老设施建筑：满足下列要求中 2 项，得 3 分；满足 3 项及以上，得 6 分： 1）提供完备的老年病诊疗、康复、文化娱乐、康体健身等配套辅助设施、设备； 2）提供 2 种及以上的公共服务功能； 3）向社会公众提供开放的公共空间； 4）出入口到达室外活动场地距离不大于 50m，场地可向周边居民免费开放。

Application Guide for Shanghai Green Building Design

实施途径	1. 城市公共服务设施是为城市或一定范围内的居民提供基本的公共文化、教育、体育、医疗卫生和社会福利等服务的、不以营利为目的的公益性公共设施。 2. 公共服务功能，通常有宾馆、电影院、图书馆、健身体育场馆、大型商业餐饮等功能。配套辅助设施，通常指小卖部、食堂、快餐、医疗点、休息处、教室、会议室、报告厅等。向社会公众开放空间，通常指展馆、图书馆、餐饮设施、公共厕所等建筑室内空间。 3. 建筑单体的"场地出入口"用"建筑主要出入口"替代。

设计文件

建筑专业的设计说明、施工图、计算书，包括总用地面积、地下建筑面积、建筑总平面图（规划局盖章）、建筑平面图（含公共配套服务设施的相关楼层）、共享共用的设施或空间，拟向社会开放部分的规划设计与组织管理实施方案等。

2.2 无障碍设施安全方便、完整贯通

设计要点	重点关注建筑的主要出入口是否满足无障碍要求，场地内的人行系统以及与外部城市道路的连接是否满足无障碍要求，养老建筑之间是否建有避风雨连廊。

相关标准

国家标准

名称	条文
《绿色建筑评价标准》 GB/T 50378-2014	4.2.9 场地内人行通道采用无障碍设计，评价分值为 3 分。
《绿色博览建筑评价标准》 GB/T 51148-2016	4.2.9 场地内采用无障碍设计，评价总分值为 4 分，按下列规则分别评分并累计： 1 建筑场地与建筑内无障碍设计合理，无障碍设施齐全，得 3 分； 2 建筑主要出入口设置平坡出入口，得 1 分。
《绿色饭店建筑评价标准》 GB/T 51165-2016	4.2.10 场地内采用无障碍设计，评价总分值为 3 分，按下列规则分别评分并累计： 1 场地人行通道与外部城市道路或其他场地的人行通道无障碍连接，得 1 分； 2 场地内人行通道与建筑出入口无障碍连接，得 1 分； 3 场地向公众开放部分采用无障碍设计、设置无障碍标识牌及音响信号，得 1 分。

名称	条文
《绿色医院建筑评价标准》 GB/T 51153-2015	4.2.10 场地内人行通道均采用无障碍设计，并与建筑场地外人行通道无障碍连通。本条评价总分值为 2 分，并应按表 4.2.10 的规则评分（略）。 注：依据赋分方式，场地内人行通道均采用无障碍设计，且与建筑场地主要出入口人行通道无障碍连通，得 2 分。
《绿色商店建筑评价标准》 GB/T 51100-2015	4.1.6 场地内人行通道应采用无障碍设计，且应与建筑场地外人行通道无障碍连通。

地方标准

名称	条文
《公共建筑绿色设计标准》 DGJ 08-2143-20**	5.3.2 基地内人行道应采用无障碍设计，并应与基地外人行通道的无障碍设施连通。 5.3.3 停车场（库）布置应符合下列要求： 2 停车库（场）布置应考虑无障碍停车位，无障碍停车位指标应符合现行国家标准《无障碍设计规范》GB 50763 的相关规定。
《住宅建筑绿色设计标准》 DGJ 08-2139-20**	5.3.2 停车场（库）布置应符合下列要求： 3 无障碍停车位指标应符合国家现行标准《无障碍设计规范》GB 50763 的相关规定。

技术细则

名称	条文
《绿色数据中心评价技术细则》 住建部 2015 年 12 月版	4.2.12 场地内人行通道采用无障碍设计。评价分值为 3 分。 评价总分值：3 分。
《绿色超高层建筑评价技术细则》 （修订版征求意见稿） 住建部 2016 年 5 月	4.2.12 场地内人行通道采用无障碍设计，评价分值为 6 分。
《绿色养老建筑评价技术细则》 （征求意见稿） 住建部 2016 年 8 月	4.2.10 场地内人行通道采用无障碍设计，养老建筑物之间采用避风雨连廊连接，评价总分值为 6 分，按下列规则分别评分并累计： 1 场地内人行通道应采用无障碍设计要求，满足如下要求得 3 分； 1）步行道路满足无障碍通行要求，净宽不小于 1.20m，局部宽度达到 1.80m 以上； 2）室外坡道坡度不大于 2.5%，路面采用防滑材料铺装，且在坡道处设扶手； 3）户外步行空间宽度满足两个轮椅并排通过，步行通道边缘以颜色、光度质感和竖边显示； 4）步行道附近应设置休息区及休息座椅，座椅位置不得影响正常通行；

名称	条文
《绿色养老建筑评价技术细则》（征求意见稿） 住建部 2016 年 8 月	5）无障碍通道的树枝、指示牌和路灯等下方的净空高度不小于 2m。 2 养老建筑物之间（包括养老居住设施之间、养老居住设施与配套公共服务设施之间）采用避风雨连廊连接，得 3 分。

实施途径　建筑场地与建筑内的无障碍设计应符合国家现行标准《无障碍设计规范》GB 50763-2012 的规定。

1. 建筑场地的无障碍设计重点关注场地内入行通道、室外活动场地、停车场、建筑出入口的无障碍系统，以及场地内外人行通道的无障碍衔接。

2. 建筑内的无障碍设计重点关注无障碍电梯、低位服务设施、无障碍标志、无障碍坡道、无障碍通道、无障碍厕所、轮椅席位等。

设计文件

建筑专业的设计说明、施工图、计算书，建筑总平面图、总图的竖向及景观设计文件等。

2.3　公共交通设施便捷、完善

设计要点　1. 场地出入口与公交和轨道交通站点的步行距离，从场地出入口起，延续至被选择的公交站点或轨道交通最近入口为止。

2. 有便捷的人行通道联系公共交通站点，包括场地出入口与建筑同侧的公交站点或轨道交通最近入口通过人行通道直接连通；建筑外的平台直接通过天桥与建筑同侧或异侧的公交站点相连；建筑的部分空间与地面轨道交通站点出入口直接连通；为减少到达公共交通站点的绕行距离设置了专用的人行通道；地下空间与地铁站点直接相连等。

相关标准

国家标准

名称	条文
《绿色建筑评价标准》 GB/T 50378-2014	4.2.8 场地与公共交通设施具有便捷的联系，评价总分值为 9 分，并按下列规则分别评分并累计： 1 场地出入口到达公共汽车站的步行距离不大于 500m，或到达轨道交通站的步行距离不大于 800m，得 3 分；

名称	条文
《绿色建筑评价标准》 GB/T 50378-2014	2 场地出入口步行距离 800m 范围内设有 2 条及以上线路的公共交通站点（含公共汽车站和轨道交通站），得 3 分； 3 有便捷的人行通道联系公共交通站点，得 3 分。 4.2.10 合理设置停车场所，评价总分值为 6 分，并按下列规则分别评分并累计： 1 自行车停车设施位置合理、方便出入，且有遮阳防雨措施，得 3 分； 2 合理设置机动车停车设施，并采取下列措施中至少 2 项，得 3 分： 1）采用机械式停车库、地下停车库或停车楼等方式节约集约用地； 2）采用错时停车方式向社会开放，提高停车场（库）使用效率； 3）合理设计地面停车位，不挤占步行空间及活动场所。
《绿色博览建筑评价标准》 GB/T 51148-2016	4.2.8 场地与公共交通设施具有便捷的联系，评价总分值为 10 分，按下列规则分别评分并累计： 1 场地出入口到达公共汽车站的步行距离不超过 500m，得 2 分； 2 场地出入口到达轨道交通站的步行距离不超过 500m，得 2 分； 3 场地出入口步行距离 500m 范围内设有 2 条或 2 条以上线路的公共交通站点（含公共汽车站和轨道交通站），得 2 分； 4 有便捷的人行通道联系公共交通站点，得 2 分； 5 设有摆渡车或提供公共自行车用于近距离交通，得 2 分。 4.2.10 合理设置停车场所，评价总分值为 9 分，按下列规则分别评分并累计： 1 自行车停车设施位置合理、使用合理、方便出入，且有遮阳防雨措施，得 2 分； 2 展览建筑场地内设有自行车专用道，且自行车能就近抵达各展馆，得 2 分； 3 合理设置机动车停车设施，满足下列要求中 3 项，得 3 分；满足 4 项，得 5 分： 1）采用机械式停车库、地下停车库或停车楼等方式节约集约用地； 2）采用错时停车方式向社会开放，提高停车场（库）使用效率； 3）合理设计停车位，不挤占步行空间及活动场所，大型车和小型车停车位分设； 4）设有中转停车场； 5）合理组织人流、车流、物流，布展期和展期不影响周边道路交通。
《绿色饭店建筑评价标准》 GB/T 51165-2016	4.2.9 场地与公共交通设施具有便捷的联系，评价总分值为 9 分，并按下列规则分别评分并累计： 1 场地出入口到达公共汽车站的步行距离不超过 350m，或到达轨道交通站的步行距离不大于 500m，得 3 分； 2 场地出入口步行距离 350m 范围内设有 2 条及以上线路的公共交通站点（含公共汽车站和轨道交通站），得 3 分； 3 有便捷的人行通道联系公共交通站点，得 3 分。 4.2.11 合理设置停车场所，评价总分值为 6 分，并按下列规则分别评分并累计： 1 自行车停车设施位置合理、方便出入，且有遮阳防雨措施，得 3 分； 2 合理设置机动车停车设施，并采取下列措施中至少 2 项，得 3 分： 1）采用机械式停车库、地下停车库或停车楼等方式节约集约用地；

名称	条文
《绿色饭店建筑评价标准》GB/T 51165-2016	2）采用错时停车方式向社会开放，提高停车场（库）使用效率； 3）合理设计地面停车位，不挤占步行空间及活动场所； 4）设置电动汽车充电桩。
《绿色医院建筑评价标准》GB/T 51153-2015	4.2.9 建筑场地与公共交通具有便捷的联系。本条评价总分值为 7 分，并应按表 4.2.9 的规则评分（略）。 注：依据赋分方式，医院院区主入口到达公共交通站点的步行距离，到达公交车站不超过 400m 或轨道交通站点不超过 700m，得 2 分；到达公交车站不超过 200m 或轨道交通站点不超过 500m，得 3 分；医院院区主入口 400m 范围内设有 2 条或 2 条以上线路的公共交通站点（含公共汽车站和轨道交通站），得 2 分；有便捷的专用人行通道联系公共交通站点，得 2 分。 4.2.11 合理设置停车场所。本条评价总分值为 5 分，并应按表 4.2.11 的规则评分（略）。 注：依据赋分方式，自行车停车设施位置合理、方便出入，且有遮阳防雨和安全防盗措施，得 2 分；采用机械式停车库、地下停车库或停车楼等方式节约集约用地，或采用错时停车方式向社会开放，提高停车场（库）使用效率，得 3 分。
《绿色商店建筑评价标准》GB/T 51100-2015	4.2.6 场地与公共交通设施具有便捷的联系，评价总分值为 10 分，并按下列规则分别评分并累计： 1 主要出入口到达公共汽车站的步行距离不大于 500m，或到达轨道交通站的步行距离不大于 800m，得 3 分； 2 主要出入口步行距离 800m 范围内设有 2 条及以上线路的公共交通站点（含公共汽车站和轨道交通站），得 3 分； 3 有便捷的人行通道联系公共交通站点，得 4 分。 4.2.7 合理设置停车场所，评价总分值为 6 分，并按下列规则分别评分并累计： 1 自行车停车设施位置合理、方便出入，且有遮阳防雨措施，得 5 分； 2 采用机械式停车库、地下停车库或停车楼等方式节约集约用地，且有明确的交通标识，得 5 分。

地方标准

名称	条文
《公共建筑绿色设计标准》DGJ 08-2143-20**	5.3.1 总平面规划应结合所在地区的公共交通布局，基地人行出入口应结合公共交通站点布置，并宜在基地出入口和公交站点之间设置便捷的人行通道。 5.3.3 停车场（库）布置应符合下列要求： 1 机动车、非机动车停车位指标及设置应符合现行上海市标准《建筑工程交通设计及停车库（场）设置标准》DGJ 08-7 的规定；

名称	条文
《公共建筑绿色设计标准》 DGJ 08-2143-20**	2 停车库（场）布置应考虑无障碍停车位，无障碍停车位指标应符合现行国家标准《无障碍设计规范》GB 50763 的相关规定； 3 宜采用机械式停车或停车楼方式； 4 非机动车库（场）设置位置应合理，室外非机动车停车场宜有遮阳防雨设施和安全防盗监控设施； 5 停车库应按规定设置充电桩或及相应设施。
《住宅建筑绿色设计标准》 DGJ 08-2139-20**	5.3.1 居住区人行出入口宜靠近公共交通站点布置。 5.3.2 停车场（库）布置应符合下列要求： 1 停车位指标应符合上海市现行标准《建筑工程交通设计及停车库（场）设置标准》DGJ 08-7 的配置规定； 2 设置地下停车库，可采用机械式停车装置； 3 无障碍停车位指标应符合国家现行标准《无障碍设计规范》GB 50763 的相关规定； 4 机动车、非机动车停车场所应按规定设置或预留充电装置； 5 非机动车停车位置应方便使用，并有独立的出入口，避免与机动车出入口交叉； 6 室外非机动车停车场宜设遮阳防雨棚。

技术细则

名称	条文
《绿色数据中心评价技术细则》 住建部 2015 年 12 月版	4.2.10 场地与公共交通设施具有便捷的联系。按下列规则分别评分并累计： 1 在大多数正常工作的时间段内（7：00am ～ 8：00pm）有可以利用的公共交通，且场地出入口到达公共交通换乘站点的步行距离不超过 500m，得 1 分； 2 场地出入口距离火车站、地铁站、码头 >800m<1000m，得 1 分； 3 有便捷的人行通道联系公共交通站点，得 1 分。 评价总分值：3 分 4.2.11 合理设置停车场所。按下列规则分别评分并累计。 1 自行车停车设施位置合理、方便出入，且有遮阳防雨措施，得 1 分； 2 合理设置机动车停车设施，并采取下列措施： 1）采用地下车库或停车楼的方式节约集约用地，得 2 分； 2）合理设计地面停车位，不挤占步行空间及活动场所，得 2 分。 评价总分值：5 分。
《绿色超高层建筑评价技术细则》 （修订版征求意见稿） 住建部 2016 年 5 月	4.2.6 场地与公共交通设施具有便捷的联系，评价总分值为 12 分，并按下列规则分别评分并累计： 1 场地交通组织合理，到达轨道交通站的步行距离不大于 500m，得 3 分；

名称	条文
《绿色超高层建筑评价技术细则》（修订版征求意见稿）住建部 2016 年 5 月	2 公共交通站点的步行距离不超过 300m 且周边的公共交通线路不少于 2 条，得 6 分； 3 有便捷的人行通道联系公共交通站点，得 3 分。 4.2.8 合理设置停车场所及设施，评价总分值为 14 分，并按表 4.2.8 中的规则分别评分并累计（略）。 注：依据赋分方式，自行车地上停车位置合理、方便出入，设遮阳防雨措施，地下停车库设专用出入口，得 4 分；采用机械式、地下停车库等集约用地停车方式，得 2 分；停车位向社会开放，得 2 分。新能源汽车停车位占停车位总数比例，到达 5%，得 2 分；达到 5% ~ 10%，得 4 分；达到 10% ~ 15%，得 6 分。
《绿色养老建筑评价技术细则》（征求意见稿）住建部 2016 年 8 月	4.2.9 场地与公共交通设施具有便捷的联系，评价总分值为 6 分，按下列规则分别评分并累计： 1 场地出入口到达公共汽车站的步行距离，及公共交通站点数量： 1）场地出入口到达公共汽车站的步行距离 >300m 但 ≤ 500m，且在该范围内设有 2 条及以上线路的公共交通站点（含公共汽车站和轨道交通站），得 1 分； 2）场地出入口到达公共汽车站的步行距离 ≤ 300m，且在该范围内设有 2 条及以上线路的公共交通站点（含公共汽车站和轨道交通站），得 3 分； 2 有便捷的人行通道联系公共交通站点，得 3 分。 4.2.11 根据养老建筑需求，合理设置停车场所，评价总分值为 6 分，按下列规则分别评分并累计： 1 自行车停车设施位置合理、方便出入，且有遮阳防雨措施和电动助力车的充电装置，得 1 分； 2 合理设置机动车停车设施，停车库（场）应与老年人居住单元、主要配套设施实现无障碍连通，并采取下列措施中至少 2 项，得 2 分： 1）采用机械式停车库、地下停车库或停车楼等方式节约集约用地； 2）采用错时停车方式向社会开放，提高停车场（库）使用率； 3）合理设计地面停车位，不挤占步行空间及活动场所； 3 设置无障碍停车位，并满足以下相关数量和设计要求，得 2 分： 1）集中建设的老年人居住建筑项目，按不少于总机动车停车位的 5% 设置无障碍机动车位（不少于 1 个），无障碍机动车位设置在最临近建筑出入口或电梯间处； 2）设置轮椅使用者专用停车位，宽度不小于 3.5m，并与人行通道衔接； 3）在无障碍停车位的边缘车位旁或两个停车位之间，保留至少宽 1.2m 的空间作为轮椅通道； 4）轮椅通道在地面上以黄色交叉线标明； 4 道路系统设计人车分流，建筑的主要出入口空间满足急救车辆进入及停放空间要求，得 1 分。

实施途径	1. 绿色建筑鼓励使用自行车等绿色环保的交通工具，为了给绿色出行提供便利条件，自行车停车场所的设计应安全方便、规模适度、布局合理、符合使用者出行习惯。 2. 机动车停车场所设计除符合所在地控制性详细规划要求外，还应统筹规划、合理设置、科学管理，不占用人行及活动空间。 3. 鼓励采用机械式停车库、地下停车库等方式节约集约用地，鼓励采用错时停车方式向社会开放，延长车位占用时间，提高停车场所使用率。

设计文件

建筑专业的设计说明、施工图、计算书，包括自行车停车设施、机械车库或地下车库等机动车停车设施、无障碍停车位设计、错时停车管理方案、遮阳防雨措施等。

3 室外环境

3.1 室外隔声降噪措施

设计要点	应根据环境噪声影响测试与预测报告的结论进行相应设计。

相关标准

国家标准

名称	条文
《绿色建筑评价标准》 GB/T 50378-2014	4.2.5 场地内环境噪声符合现行国家标准《声环境质量标准》GB 3096 的有关规定，评价分值为 4 分。
《绿色博览建筑评价标准》 GB/T 51148-2016	4.2.5 场地内环境噪声符合现行国家标准《声环境质量标准》GB 3096 的有关规定。布展、撤展的装、卸货噪声对周边无影响，进行有噪声的展览时对周边无影响。评价分值为 4 分。
《绿色饭店建筑评价标准》 GB/T 51165-2016	4.2.5 场地内环境噪声符合现行国家标准《声环境质量标准》GB 3096 的有关规定，评价总分值为 4 分，按下列规则评分： 1 场地位于 0 类、1 类或 2 类声环境功能区，符合相应声环境功能区噪声标准规定，得 4 分； 2 场地位于 3 类声环境功能区，符合相应声环境功能区噪声标准规定，得 2 分； 3 场地位于 4 类声环境功能区，符合相应声环境功能区噪声标准规定，得 1 分。

名称	条文
《绿色医院建筑评价标准》 GB/T 51153-2015	4.2.6 场地内环境噪声应符合现行国家标准《声环境质量标准》GB 3096 的规定。本条评价总分值为 4 分，并应按表 4.2.6 的规则评分： 注：依据赋分方式，主干路达到 4 类声环境功能区噪声限值，次干路达到 2 类声环境功能区噪声限值，得 2 分；主、次干路均达到 2 类声环境功能区噪声限值，得 3 分；主、次干路均达到 1 类声环境功能区噪声限值，得 4 分。

地方标准

名称	条文
《公共建筑绿色设计标准》 DGJ 08-2143-20**	5.4.3 噪声敏感的建筑应远离噪声源，并在周边采取隔声降噪措施，宜根据隔声降噪措施进行噪声预测模拟分析。
《住宅建筑绿色设计标准》 DGJ 08-2139-20**	5.4.3 住宅建筑布置应远离噪声源，应采取隔离或降噪措施减少环境噪声对住宅建筑的影响。

技术细则

名称	条文
《绿色数据中心评价技术细则》 住建部 2015 年 12 月版	4.2.7 场地内环境噪声符合现行国家标准《声环境质量标准》GB 3096 的规定。 评价分值为 6 分。 评价总分值：6 分。
《绿色养老建筑评价技术细则》 （征求意见稿） 住建部 2016 年 8 月	4.2.5 场地内环境噪声符合现行国家标准《声环境质量标准》GB 3096 的有关规定，评价总分值为 4 分，按表 4.2.5 的规则评分（略）。 注：依据赋分方式，达到 2 类声环境功能区的环境噪声等效声级限值，得 1 分；达到 1 类声环境功能区的环境噪声等效声级限值，得 3 分；达到 0 类声环境功能区的环境噪声等效声级限值，4 分。

实施途径　　1. 建筑设计前应对场地周边的噪声现状进行检测，并对规划实施后的环境噪声进行预测，必要时采取有效措施改善环境噪声状况，使之符合国家现行标准《声环境质量标准》GB 3096-2008 中对于不同声环境功能区噪声标准的规定。

2. 当拟建噪声敏感建筑不能避免临近交通干线，或不能远离固定的设备噪声声源时，需要采取措施降低噪声干扰。噪声检测的现状值仅作为参考，需结合场地环境条件的变化（如道路车流量的增长）进行对应的噪声改变情况预测。

第二章　建筑

Application Guide for Shanghai Green Building Design

国家现行标准《声环境质量标准》GB 3096-2008 规定的各类声环境功能区的环境噪声

等效声级限值 dB（A）   表 2-3

声环境功能区类别	时段	昼间	夜间
0 类		50	40
1 类		55	45
2 类		60	50
3 类		65	55
4 类	4a 类	70	55
	4b 类	70	60

设计文件

　　建筑专业的设计说明、施工图，环评报告（包括环境噪声影响测试与预测报告、室外噪声对室内的背景噪声影响等）等。

3.2　项目避免产生光污染

设计要点	上海地区玻璃幕墙可见光反射比不大于 15%。

相关标准

国家标准

名称	条文
《绿色建筑评价标准》 GB/T 50378-2014	4.2.4 建筑及照明设计避免产生光污染，评价总分值为 4 分，并按下列规则分别评分并累计： 1 玻璃幕墙可见光反射比不大于 0.2，得 2 分； 2 室外夜景照明光污染的限制符合现行行业标准《城市夜景照明设计规范》JGJ/T 163 的规定，得 2 分。

名称	条文
《绿色博览建筑评价标准》 GB/T 51148-2016	4.2.4 建筑及照明设计避免产生光污染，评价总分值为 5 分，按下列规则分别评分并累计： 1 玻璃幕墙可见光反射比不大于 0.2，得 2 分； 2 室外夜景照明光污染的限制符合现行行业标准《城市夜景照明设计规范》JGJ/T 163 的规定，得 2 分； 3 装饰性夜景照明只在重大节假日使用，展览建筑举办灯光展时对周边无影响，得 1 分。
《绿色饭店建筑评价标准》 GB/T 51165-2016	4.2.4 建筑及照明设计避免产生光污染，评价总分值为 4 分，并按下列规则分别评分并累计： 1 玻璃幕墙可见光反射比不大于 0.2，得 2 分； 2 室外夜景照明光污染的限制符合现行行业标准《城市夜景照明设计规范》JGJ/T 163 的规定，得 2 分。
《绿色医院建筑评价标准》 GB/T 51153-2015	4.2.5 建筑及照明设计避免产生光污染。本条评价总分值为 4 分，并应按表 4.2.5 的规则评分（略）。 注：依据赋分方式，建筑外围护结构未采用玻璃幕墙，得 2 分；室外照明设计满足现行行业标准《城市夜景照明设计规范》JGJ/T 163 关于光污染控制的相关要求，并避免夜间室内照明产生溢光，得 2 分。
《绿色商店建筑评价标准》 GB/T 51100-2015	4.2.4 建筑及照明设计避免产生光污染，评价总分值为 10 分，并按下列规则分别评分并累计： 1 玻璃幕墙设计控制反射光对周边环境的影响，玻璃幕墙可见光反射比不大于 0.2，得 5 分； 2 室外夜景照明光污染的限制符合现行行业标准《城市夜景照明设计规范》JGJ/T 163 的规定，得 5 分。

地方标准

名称	条文
《公共建筑绿色设计标准》 DGJ 08-2143-20**	5.4.1 建筑立面采用玻璃幕墙应符合现行上海市标准《建筑幕墙工程技术规程》DGJ 08-56 和上海市地方的相关规定，并应满足下列要求： 1 幕墙采用的玻璃可见光反射率不应大于 15%，采用的金属材料应为漫反射材料； 2 弧形建筑造型的玻璃幕墙应采取减少反射光影响的措施； 3 建筑的东、西向立面不宜设置连续大面积的玻璃幕墙，且不应正对敏感建筑物的外墙窗口； 4 应进行玻璃幕墙反射光环境影响专项评价，幕墙设计应符合玻璃幕墙反射光影响专项评审的结论意见。

名称	条文
《公共建筑绿色设计标准》 DGJ 08-2143-20**	5.4.2 室外夜景照明应符合国家现行标准《城市夜景照明设计规范》JGJ/T 163 有关光污染的限制规定。并应符合下列要求： 1 对玻璃幕墙建筑和表面材料反射比低于 0.2 的建筑，不应采用泛光照明； 2 对玻璃幕墙以及外立面透光面积较大或外墙被照面反射比低于 0.2 的建筑，宜选用内透光照明。
《住宅建筑绿色设计标准》 DGJ 08-2139-20**	5.4.1 住宅建筑二层以上不应采用玻璃幕墙，二层及二层以下采用玻璃幕墙时，幕墙玻璃的可见光反射比不应大于 0.15。 5.4.2 居住区室外夜景照明应符合国家现行标准《城市夜景照明设计规范》JGJ/T 163 有关光污染的限制规定。应符合下列要求： 1 夜景照明设施在住宅建筑窗户外表面产生的垂直面照度不应大于规定值； 2 夜景照明灯具朝居室方向的发光强度不应大于规定值； 3 居住区的夜景照明灯具的眩光值应满足规定。

技术细则

名称	条文
《绿色数据中心评价技术细则》 住建部 2015 年 12 月版	4.2.6 建筑及照明设计避免产生光污染。按下列规则分别评分并累计： 1 玻璃幕墙可见光反射比不大于 0.2，得 2 分； 2 室外夜景照明光污染的限制符合现行行业标准《城市夜景照明设计规范》JGJ/T 163 的规定，得 2 分。 评价总分值：4 分。
《绿色超高层建筑评价技术细则》 （修订版征求意见稿） 住建部 2016 年 5 月	4.2.3 建筑不对周边居住建筑和道路造成光污染，评价总分值为 8 分，按表 4.2.3 的规则评分（略）。 注：依据赋分方式，玻璃幕墙可见光反射比不大于 0.2，得 4 分；不大于 0.15，得 8 分。
《绿色养老建筑评价技术细则》 （征求意见稿） 住建部 2016 年 8 月	4.2.4 建筑及照明设计避免产生光污染，评价总分值为 5 分，按下列规则分别评分并累计： 1 玻璃幕墙可见光反射比不大于 0.2，得 2 分； 2 室外夜景照明光污染的限制符合现行行业标准《城市夜景照明设计规范》JGJ/T 163 的规定，得 2 分； 3 景观道路、出入口和水景周边设置功能照明和标识照明，且功能照明与标识照明符合现行行业标准《城市夜景照明设计规范》JGJ/T 163 的规定，得 0.5 分； 4 场地内有高差处、材质变化处设置照明设施，且照明设施符合现行行业标准《城市夜景照明设计规范》JGJ/T 163 的规定，得 0.5 分。

上海市绿色建筑设计应用指南

Application Guide for Shanghai Green Building Design

实施途径	1. 建筑物光污染包括建筑反射光（眩光）、夜间的室外夜景照明以及广告照明等造成的光污染。 2. 控制光污染的对策包括降低建筑物表面（玻璃和其他材料、涂料）的可见光反射比，合理选配照明器具，采取防止溢光措施等。 3. 上海地区规定玻璃幕墙的可见光反射比不大于 15%。 4. 室外夜景照明设计应满足现行行业标准《城市夜景照明设计规范》JGJ/T 163-2008 第 7 章关于光污染的相关要求，并在室外照明设计图纸中体现。

设计文件

建筑、景观专业的设计说明、施工图、计算书，包括光污染分析专项报告、玻璃的光学性能检测报告、灯具的光度检验报告、室外夜景照明设计方案（含计算书）、照明施工图等。

3.3　场地内风环境利于室外行走、活动舒适

设计要点	建筑迎风面与背风面表面风的压差主要是指平均风压差。可开启外窗室内外表面的风压，室内压力默认为 0Pa。

相关标准

国家标准

名称	条文
《绿色建筑评价标准》 GB/T 50378-2014	4.2.6 场地内风环境有利于室外行走、活动舒适和建筑的自然通风，评价总分值为 6 分，并按下列规则分别评分并累计： 1 在冬季典型风速和风向条件下，按下列规则分别评分并累计： 1）建筑物周围人行区风速小于 5m/s，且室外风速放大系数小于 2，得 2 分； 2）除迎风第一排建筑外，建筑迎风面与背风面表面风压差不大于 5Pa，得 1 分； 2 过渡季、夏季典型风速和风向条件下，按下列规则分别评分并累计： 1）场地内人活动区不出现涡旋或无风区，得 2 分； 2）50% 以上可开启外窗室内外表面的风压差大于 0.5Pa，得 1 分。
《绿色博览建筑评价标准》 GB/T 51148-2016	4.2.6 场地内风环境有利于室外行走、活动舒适和建筑的自然通风。评价总分值为 4 分，按下列规则分别评分并累计：

名称	条文
《绿色博览建筑评价标准》 GB/T 51148-2016	1 冬季典型风速和风向条件下，场地内人主要活动区域风速低于 5m/s，且风速放大系数小于 2，得 2 分； 2 过渡季、夏季典型风速和风向条件下，场地内人主要活动区域不出现涡旋或无风区，得 2 分。
《绿色饭店建筑评价标准》 GB/T 51165-2016	4.2.6 场地内风环境有利于室外行走、活动舒适，评价总分值为 6 分，按下列规则分别评分并累计： 1 各季节典型风速和风向条件下，建筑物周围人行区风速低于 5m/s，且室外风速放大系数小于 2，得 3 分； 2 各季节典型风速和风向条件下，场地内人活动区域不出现涡旋或无风区，得 3 分。
《绿色医院建筑评价标准》 GB/T 51153-2015	4.2.7 场地内风环境有利于冬季室外行走舒适及过渡季、夏季的自然通风并设置有候车设施。本条评价总分值为 8 分，并应按表 4.2.7 的规则分别评分（略）。 注：依据赋分方式，冬季典型风速和风向条件下，建筑物周围人行区风速低于 5m/s，且室外风速放大系数小于 2，得 2 分；除迎风第一排建筑外，建筑迎风面与背风面表面风压差不大于 5Pa，得 2 分；过渡季、夏季典型风速和风向条件下，场地内人活动区不出现涡旋或无风区，或 50% 以上建筑的可开启外窗室内外表面的风压差大于 0.5Pa，得 2 分；设置候车设施，得 2 分。
《绿色商店建筑评价标准》 GB/T 51100-2015	4.2.5 场地内风环境有利于室外行走、活动舒适和建筑的自然通风。评价总分值为 6 分，按下列规则分别评分并累计： 1 冬季典型风速和风向条件下，建筑物周围人行区风速低于 5m/s，且室外风速放大系数小于 2，得 3 分； 2 过渡季、夏季典型风速和风向条件下，场地内人主要活动区域不出现涡旋或无风区，且主入口与广场空气流动状况良好，得 3 分。

地方标准

名称	条文
《公共建筑绿色设计标准》 DGJ 08-2143-20**	5.4.4 建筑布局应有利于自然通风，应避免布局不当而影响人行、室外活动和建筑自然通风，宜通过对室外风环境的模拟分析调整优化总体布局。
《住宅建筑绿色设计标准》 DGJ 08-2139-20**	5.4.5 建筑布局应有利于自然通风，并应避免布局不当而引起的风速过高影响人行和室外活动，宜通过对室外风环境的模拟分析调整优化总体布局。

技术细则

名称	条文
《绿色数据中心评价技术细则》 住建部 2015 年 12 月版	4.2.8 建筑布局有利于形成场地内良好的风环境，有利于室外行走、活动舒适、建筑的有组织通风和设备散热。按下列规则分别评分并累计： 1 冬季典型风速和风向条件下，建筑物周围人行区风速低于 5m/s，且室外风速放大系数小于 2，得 1 分；除迎风第一排建筑外，建筑迎风面与背风面表面风压差不超过 5Pa，再得 1 分。 2 过渡季、夏季典型风速和风向条件下，场地内的人活动区不出现涡旋或无风区，得 1 分；人员活动区 50% 以上可开启外窗室内外表面的风压差大于 0.5Pa，再得 1 分。 建筑布局利用主导风向利于专用空调室外机散热。再得 2 分。 评价总分值：6 分。
《绿色超高层建筑评价技术细则》 （修订版征求意见稿） 住建部 2016 年 5 月	4.2.5 场地内风环境有利于室外行走、活动舒适和建筑的自然通风，评价总分值为 8 分，按下列规则分别评分并累计： 1 冬季典型风速和风向条件下，建筑物周围人行区风速低于 5m/s，且室外风速放大系数小于 2，得 5 分； 2 过渡季、夏季典型风速和风向条件下，场地内人主要活动区域不出现涡旋或无风区，得 3 分。
《绿色养老建筑评价技术细则》 （征求意见稿） 住建部 2016 年 8 月	4.2.6 场地内风环境有利于室外行走、活动舒适和建筑的自然通风，评价总分值为 3 分，按下列规则分别评分并累计： 1 在冬季典型风速和风向条件下，按下列规则分别评分并累计： 1）建筑物周围人行区风速小于 5m/s，且室外风速放大系数小于 2，得 1 分； 2）除迎风第一排建筑外，建筑迎风面与背风面表面风压差不大于 5Pa，得 0.5 分； 2 过渡季、夏季典型风速和风向条件下，按下列规则分别评分并累计： 1）场地内人活动区不出现涡旋或无风区，得 1 分； 2）50% 以上可开启外窗室内外表面的风压差大于 0.5Pa，得 0.5 分。

实施途径　1. 夏季、过渡季通风不畅在某些区域形成无风区和涡旋区，将影响室外散热和污染物消散。外窗室内外表面的风压差达到 0.5Pa 有利于建筑的自然通风。

2. 建筑布置不当不仅会产生二次风，还会严重地阻碍风的流动，高层建筑区域甚至会形成无风区或涡旋区，这对于室外散热和污染物排放是非常不利的，应尽量避免。建筑布局采用行列式、自由式，或采用"前低后高"和有规律地"高低错落"，有利于自然风进入到小区深处，建筑前后形成压差，促进建筑自然通风。围合式布局的建筑应避免阻挡过渡季节自然风的进入。

3. 绿色建筑的总平面设计应采用计算机模拟工具进行优化设计。

利用计算流体动力学（CFD）手段可对建筑外风环境进行不同季节典型风向、风速模拟，其中来流风速、风向为对应季节内出现频率最高的风向和平均风速，室外风环境模拟的边界条件和基本设置都需要满足以下规定：

1）计算区域：建筑迎风截面堵塞比（模型面积/迎风面计算区域截面积）小于 4%；以目标建筑（高度 H）为中心，半径 5H 范围内为水平计算域。在来流方向，建筑前方距离计算区域边界要大于 2H，建筑后方距离计算区域边界要大于 6H。

2）模型再现区域：目标建筑边界 H 范围内应以最大的细节要求再现。

3）网格划分：建筑的每一边人行高度区 1.5m 或 2m 高度应划分 10 个网格或以上；重点观测区域要在地面以上第 3 个网格或更高的网格内。入口边界条件：入口风速的分布应符合梯度风规律。

4）地面边界条件：对于未考虑粗糙度的情况，采用指数关系式修正粗糙度带来的影响；对于实际建筑的几何再现，应采用适应实际地面条件的边界条件；对光滑避面应采用对数定律。

5）湍流模型：选择标准 k-ε 模型。高精度要求时采用 Durbin 模型或 MMK 模型。

6）差分格式：避免采用一阶差分格式。

设计文件

建筑专业的设计说明、总平面图、风环境模拟计算报告等。

3.4 项目采取降低热岛强度措施

| **设计要点** | 户外活动场地包括步道、庭院、广场、游憩场和停车场，其遮阴措施可采用绿化遮阴、构筑物遮阴、建筑自遮挡等。 |

相关标准

国家标准

名称	条文
《绿色建筑评价标准》 GB/T 50378-2014	4.2.7 采取措施降低热岛强度，评价总分值为 4 分，并按下列规则分别评分并累计： 1 红线范围内户外活动场地有乔木、构筑物遮阴措施的面积达到 10%，得 1 分；达到 20%，得 2 分； 2 超过 70% 的道路路面、建筑屋面的太阳辐射反射系数不小于 0.4，得 2 分。

名称	条文
《绿色博览建筑评价标准》 GB/T 51148-2016	4.2.7 采取措施降低热岛强度。评价总分值为 8 分，按下列规则分别评分并累计： 1 博物馆建筑红线范围内室外活动场地有乔木、构筑物遮阴措施的面积达到 10%，得 1 分；达到 20%，得 2 分； 2 展览建筑红线范围内室外活动场地有乔木、构筑物遮阴措施的面积达到 5%，得 1 分；达到 10%，得 2 分； 3 博览建筑的地面机动车停车位有乔木、构筑物遮阴措施的面积达到 70%，得 2 分； 4 博览建筑超过 70% 的硬质铺装地面的太阳辐射反射系数为 0.3 ~ 0.7，得 2 分；超过 70% 的建筑非绿化屋面的太阳辐射反射系数不低于 0.4，再得 2 分。
《绿色饭店建筑评价标准》 GB/T 51165-2016	4.2.7 采取措施降低热岛强度，评价总分值为 4 分，按下列规则分别评分并累计： 1 红线范围内户外活动场地有乔木、构筑物遮荫措施的面积达到 10%，得 1 分；达到 20%，得 2 分； 2 超过 70% 的道路路面、建筑屋面的太阳辐射反射系数不小于 0.4，得 2 分。
《绿色医院建筑评价标准》 GB/T 51153-2015	4.2.8 采取措施降低热岛强度。本条评价总分值为 4 分，并应按表 4.2.8 的规则评分（略）。 注：依据赋分方式，红线范围内户外活动场地有乔木、构筑物遮荫措施的面积达到 20%，得 2 分；超过 70% 的道路路面、建筑屋面的太阳辐射反射系数不小于 0.4，得 2 分。

地方标准

名称	条文
《公共建筑绿色设计标准》 DGJ 08-2143-20**	5.4.5 场地设计可采取下列措施改善室外热环境： 1 种植高大乔木、设置绿化棚架为广场、人行道、庭院、游憩场和停车场等提供遮阳； 2 合理设置景观水池； 3 硬质铺装地面宜采用渗透地面，透水铺装的面积比例不应低于 50%。
《住宅建筑绿色设计标准》 DGJ 08-2139-20**	5.4.6 户外活动场地应有遮阳，遮阳覆盖率不应小于《城市居住区热环境设计规范》JGJ 286 的相关规定，户外活动场地设计可采取下列措施降低热岛强度： 1 种植高大乔木、设置绿化棚架； 2 合理设置景观水池； 3 硬质铺装地面中透水铺装的面积比例不应低于 50%。

名称	条文
《绿色数据中心评价技术细则》 住建部 2015 年 12 月版	4.2.9 采取措施降低热岛强度。按下列规则分别评分并累计： 1 红线范围内户外活动场地有乔木、构筑物遮阴措施的面积达到 10%，得 1 分；达到 20%，得 2 分； 2 超过 70% 的道路路面、建筑屋面的太阳辐射反射系数不低于 0.4，得 2 分。 评价总分值：4 分。
《绿色养老建筑评价技术细则》 （征求意见稿） 住建部 2016 年 8 月	4.2.7 采取措施降低热岛强度，评价总分值为 6 份，按下列规则分别评分并累计： 1 红线范围内户外活动场地有乔木、构筑物遮阴措施的面积达到 10%，得 1 分；达到 20%，得 2 分；达到 25% 以上，得 3 分； 2 超过 70% 的道路路面、建筑屋面的太阳辐射反射系数不小于 0.4，得 2 分； 3 排风口、排气口正向面对道路、老年人活动区时，需留有 2m 以上距离，得 1 分。

实施途径　　1. 乔木、构筑物遮阴措施，需注意以下问题：

1）乔木遮阴面积按照成年乔木平均遮阴半径取为 4m，棕榈科乔木平均遮阴半径取 2m。平均遮阴半径宜根据项目苗木表中冠幅取值。

2）构筑物遮阴面积按照构筑物正投影面积计算。

3）建筑自遮挡面积按照夏至日 8：00 ～ 16：00 内有 4h 处于建筑阴影区域的户外活动场地面积计算。

2. 室外热环境模拟，需注意以下问题：

1）气象条件：模拟气象条件可参照《中国建筑热环境分析专用气象数据集》选取，且气象条件需涵盖太阳辐射强度和天空云量等参数以供太阳辐射模拟计算使用。

2）风环境模拟：包括计算区域，模型再现区域，网格划分要求，入口边界条件，地面边界条件，计算规则与收敛性，差分格式，湍流模型等。

3）太阳辐射模拟：太阳辐射模拟需考虑太阳直射辐射，太阳散射辐射，各表面间多次反射辐射和长波辐射等。

4）下垫面及建筑表面参数设定：需对材料物性和反射率、透率，蒸发率等参数进行相关设定，以准确计算太阳辐射和建筑表面及下垫面传热过程。

5）景观要素参数设定：对于植物，可根据多孔介质理论模拟植物对风环境的影响作用，并根据植物热平衡计算，根据辐射计算结果和植物蒸发速率等数据，计算植物对热环境的影响作用，从而完整体现植物对建筑室外微环境的影响。

设计文件

建筑专业、景观专业的设计说明、总平面图、室外热环境模拟计算报告等。

4 室内环境

4.1 室内声环境优化设计

设计要点	1. 公共建筑中的多功能厅、接待大厅、大型会议室和其他有声学要求的重要房间进行专项声学设计，满足相应功能要求。 2. 根据建筑类型的不同，满足或高于现行国家标准《民用建筑隔声设计规范》GB 50118-2010 中的相应要求。

相关标准

国家标准

名称	条文
《绿色建筑评价标准》 GB/T 50378-2014	8.1.1 主要功能房间的室内噪声级应满足现行国家标准《民用建筑隔声设计规范》GB 50118 中的低限要求。 8.1.2 主要功能房间的外墙、隔墙、楼板和门窗的隔声性能应满足现行国家标准《民用建筑隔声设计规范》GB 50118 中的低限要求。 8.2.1 主要功能房间室内噪声级，评价总分值为 6 分。噪声级达到现行国家标准《民用建筑隔声设计规范》GB 50118 中的低限标准限值和高要求标准限值的平均值，得 3 分；达到高要求标准限值，得 6 分。 8.2.2 主要功能房间的隔声性能良好，评价总分值为 9 分，并按下列规则分别评分并累计： 1 构件及相邻房间之间的空气声隔声性能达到现行国家标准《民用建筑隔声设计规范》GB 50118 中的低限标准限值和高要求标准限值的平均值，得 3 分；达到高要求标准限值，得 5 分； 2 楼板的撞击声隔声性能达到现行国家标准《民用建筑隔声设计规范》GB 50118 中的低限标准限值和高要求标准限值的平均值，得 3 分；达到高要求标准限值，得 4 分。 8.2.3 采取减少噪声干扰的措施，评价总分值为 4 分，并按下列规则分别评分并累计： 1 建筑平面、空间布局合理，没有明显的噪声干扰，得 2 分； 2 采用同层排水或其他降低排水噪声的有效措施，使用率不小于 50%，得 2 分。 8.2.4 公共建筑中的多功能厅、接待大厅、大型会议室和其他有声学要求的重要房间进行专项声学设计，满足相应功能要求，评价分值为 3 分。

上海市绿色建筑设计应用指南

Application Guide for Shanghai Green Building Design

名称	条文
《绿色博览建筑评价标准》 GB/T 51148-2016	8.1.1 主要功能房间的室内噪声级应满足现行国家标准《民用建筑隔声设计规范》GB 50118 中的低限要求，并应满足现行行业标准《展览建筑设计规范》JGJ 218 和《博物馆建筑设计规范》JGJ 66 的有关要求。 8.1.2 主要功能房间的外墙、隔墙、楼板和门窗的隔声性能，或相邻两房间之间的空气声隔声性能、楼板撞击声隔声性能应满足现行国家标准《民用建筑隔声设计规范》GB 50118 中的低限要求，并应满足现行行业标准《博物馆建筑设计规范》JGJ 66 的有关要求。 8.2.1 主要功能房间的室内噪声级达到现行国家标准《民用建筑隔声设计规范》GB 50118 中的低限标准规定值，评价总分值为 6 分，按下列规则评分： 1 噪声级达到低限标准限值和高要求标准限值的平均值，得 3 分； 2 噪声级达到高要求标准限值，得 6 分。 8.2.2 主要功能房间的隔声性能良好，评价总分值为 9 分，按下列规则分别评分并累计： 1 构件及相邻房间之间的空气声隔声性能达到现行国家标准《民用建筑隔声设计规范》GB 50118 中的低限标准限值和高要求标准限值的平均值，得 3 分；达到高要求标准限值，得 5 分。 2 楼板的撞击声隔声性能达到现行国家标准《民用建筑隔声设计规范》GB 50118 中的低限标准限值和高要求标准限值的平均值，得 3 分；达到高要求标准限值，得 4 分。 8.2.3 建筑平面布局和空间功能安排合理，减少排水噪声，减少相邻空间的噪声干扰以及外界噪声对室内的影响，评价分值为 4 分。 8.2.4 多功能厅、接待大厅、大型会议室和其他有声学要求的重要房间应进行专项声学设计，满足相应功能要求，评价分值为 3 分。 8.2.5 展览建筑展厅室内装修采用吸声措施，博物馆公众区域混响时间满足现行行业标准《博物馆建筑设计规范》JGJ 66 的有关要求，评价分值为 2 分。
《绿色饭店建筑评价标准》 GB/T 51165-2016	8.1.1 主要功能房间的室内噪声级应满足现行国家标准《民用建筑隔声设计规范》GB 50118 中的二级标准要求，客房建筑构件和客房的空气声隔声性能应满足现行国家标准《民用建筑隔声设计规范》GB 50118 中的一级标准要求，客房楼板的撞击声隔声性能应满足现行国家标准《民用建筑隔声设计规范》GB 50118 中的二级标准要求。 8.2.1 主要功能房间的室内噪声级优于现行国家标准《民用建筑隔声设计规范》GB 50118 中的二级标准，评价总分值为 10 分，按下列规则分别评分并累计： 1 客房的室内噪声级：达到一级标准，得 4.5 分，达到特级标准，得 6 分。 2 办公室、会议室、多用途厅、餐厅和宴会厅的室内噪声级：达到一级标准，得 1.5 分；达到特级标准，得 2 分。 3 大堂接待处、问询处、会客区和酒吧的室内噪声级不大于 45dB（A）得 2 分。

名称	条文
《绿色饭店建筑评价标准》 GB/T 51165-2016	8.2.2 客房隔墙、门窗、楼板、外墙（含窗）的空气声隔声性能和客房空气声隔声性能优于现行国家标准《民用建筑隔声设计规范》GB 50118 中的一级标准，客房楼板的撞击声隔声性能优于现行国家标准《民用建筑隔声设计规范》GB 50118 中的二级标准要求，评价总分值为 12 分，按下列规则分别评分并累计： 1 客房共用隔墙或水平相邻客房之间的空气声隔声性能：比一级标准低限值至少高 3dB，得 1.5 分；达到特级标准，得 2.5 分。 2 客房楼板或垂直相邻客房之间的空气声隔声性能：比一级标准低限值至少高 3dB，得 1.5 分；达到特级标准，得 2.5 分。 3 客房门的空气声隔声性能：比一级标准低限值至少高 3dB，得 1 分；达到特级标准，得 2 分。 4 客房（含窗）的空气声隔声性能：环境噪声不高于 2 类区声环境标准限值情况下，隔声性能达到一级标准，得 2.5 分。环境噪声高于 2 类区声环境标准限值情况下，隔声性能比一级标准低限值至少高 3dB，得 1.5 分；隔声性能达到特级标准，得 2.5 分。 5 客房楼板的撞击声隔声性能：达到一级标准，得 1.5 分；达到特级标准，得 2.5 分。 8.2.3 隔声减噪设计合理，减少噪声干扰的措施有效，评价总分值为 5 分，按下列规则分别评分并累计： 1 建筑平面布置和空间布局有利于隔声减噪，得 2 分； 2 采取合理措施控制设备的噪声和振动，得 1.5 分； 3 客房卫生间采用降低排水噪声的措施，得 1 分； 4 客房走廊采用处理措施，得 0.5 分。 8.2.4 大型会议室、多功能厅和其他有声学要求的重要房间应进行专项声学设计，满足相应功能要求，评价分值为 5 分。
《绿色医院建筑评价标准》 GB/T 51153-2015	8.1.1 医院建筑室内允许噪声级和医院建筑围护结构构件隔声性能应符合现行国家标准《民用建筑隔声设计规范》GB 50118 中的低限要求。 8.2.1 主要功能房间的室内噪声级符合现行国家标准《民用建筑隔声设计规范》GB 50118 中的高要求标准。本条评价总分值为 10 分，并应按表 8.2.1 的规则评分（略）。 注：依据赋分方式，主要功能房间的室内噪声级满足现行国家标准《民用建筑隔声设计规范》GB 50118 中的高要求标准，得 10 分。 8.2.2 主要功能房间的隔墙、楼板、门窗的隔声性能符合现行国家标准《民用建筑隔声设计规范》GB 50118 中的高要求标准。本条评价总分值为 10 分，并应按表 8.2.2 的规则评分（略）。 注：依据赋分方式，主要功能房间的隔墙、楼板、门窗的隔声性能满足现行国家标准《民用建筑隔声设计规范》GB 50118 中的高要求标准，得 10 分。

名称	条文
《绿色商店建筑评价标准》 GB/T 51100-2015	8.1.1 主要功能房间的室内噪声级应满足现行国家标准《民用建筑隔声设计规范》GB 50118 中的低限要求。 8.2.1 主要功能房间室内噪声级，评价总分值为 6 分。噪声级达到现行国家标准《民用建筑隔声设计规范》GB 50118 中的低限标准限值和高要求标准限值的平均值，得 3 分；达到高要求标准限值，得 6 分。 8.2.2 主要功能房间的隔声性能良好，评价总分值为 6 分，并按下列规则分别评分并累计： 1 构件及相邻房间之间的空气声隔声性能达到现行国家标准《民用建筑隔声设计规范》GB 50118 中的低限标准限值和高要求标准限值的平均值，得 3 分；达到高要求标准限值，得 4 分； 2 楼板的撞击声隔声性能达到现行国家标准《民用建筑隔声设计规范》GB 50118 中的低限标准限值和高要求标准限值的平均值，得 1 分；达到高要求标准限值，得 2 分。 8.2.3 建筑平面、空间布局和功能分区安排合理，没有明显的噪声干扰，得 6 分。 8.2.4 入口大厅、营业厅和其他噪声源较多的房间或区域进行吸声设计，评价总分值为 5 分。吸声材料及构造的降噪系数达到现行国家标准《民用建筑隔声设计规范》GB 50118 中的低限标准限值和高要求标准限值的平均值，得 3 分；达到高要求标准限值，得 5 分。

地方标准

名称	条文
《公共建筑绿色设计标准》 DGJ 08-2143-20**	6.2.1 主要功能房间的室内噪声级和建筑外墙、隔墙、楼板和门窗隔声性能应符合现行国家标准《民用建筑隔声设计规范》GB 50118 的规定。 6.2.2 电梯机房及井道不应贴邻有安静要求的房间布置，有噪声、振动的房间应远离有安静要求、人员长期工作的房间或场所，当相邻设置时，应采取有效的降噪减振措施，避免相邻空间的噪声干扰。 6.2.3 有观演、教学功能的厅堂、房间和其他有声学要求的重要房间应进行专项声学设计。
《住宅建筑绿色设计标准》 DGJ 08-2139-20**	6.2.4 电梯井道不应紧邻卧室等居住空间。电梯井道紧邻其他居住空间时，应采取下列措施： 1 相邻隔墙应进行隔声处理； 2 电梯设备应采取减振隔声措施。 6.2.5 主要功能房间的外墙、隔墙、楼板和门窗隔声性能应符合国家现行标准《民用建筑隔声设计规范》GB 50118 的相关规定。 6.2.6 住宅卫生间宜采用同层排水或其他降低排水噪声的有效措施，采用同层排水卫生间的楼板、楼面应做双层防水设防。

名称	条文
《健康建筑评价标准》 中国建筑学会 TASC 02-2016	6.1.1 主要功能房间的室内噪声级应满足以下要求： 1 有睡眠要求的主要功能房间，夜间室内噪声级应小于 37dB（A）； 2 需集中精力、提高学习和工作效率的功能房间，室内噪声级应小于 40dB（A）； 3 需保证人通过自然声进行语言交流的场所，室内噪声级应小于 45dB（A）； 4 需要保证通过扩声系统传输语言信息的场所，室内噪声级应小于 55dB（A）。 6.1.2 噪声敏感房间的隔声性能应满足以下要求： 1 噪声敏感房间与产生噪声房间之间的空气声隔声性能，其计权标准化声压级差与交通噪声频谱修正量之和（$D_{nT,w}+C_{tr}$）不应小于 50dB； 2 噪声敏感房间与普通房间之间的空气声隔声性能，其计权标准化声压级差与粉红噪声频谱修正量之和（$D_{nT,w}+C$）不应小于 45dB； 3 噪声敏感房间顶部楼板的撞击声隔声性能，其计权标准化撞击声压级 $L'_{nT,w}$ 不应大于 75dB。 6.2.1 建筑所处场地的环境噪声优于现行国家标准《声环境质量标准》GB 3096 的要求，评价总分值为 4 分，并按下列规则评分： 1 环境噪声值大于 1 类声环境功能区标准限值，且小于等于 3 类声环境功能区标准限值，得 2 分； 2 环境噪声值不大于 1 类声环境功能区标准限值，得 4 分。 6.2.2 降低主要功能房间的室内噪声级，评价总分值为 9 分，按表 6.2.2 的规则评分（略）。 注：依据赋分方式，有睡眠要求的主要功能房间，室内噪声级小于 35dB（A），得 5 分；不高于 30dB（A），得 9 分。集中精力、提高工作效率的功能房间，室内噪声级小于 40dB（A），得 5 分；不高于 35dB（A），得 9 分。通过自然声进行语言交流的场所，室内噪声级小于 45dB（A），得 5 分；不高于 40dB（A），得 9 分。通过扩声系统传输语言信息的场所，室内噪声级小于 50dB（A），得 5 分；不高于 45dB（A），得 9 分。 6.2.4 人员密集的大空间应进行吸声减噪设计，保证足够的语言清晰度，不出现明显的声聚焦及多重回声等声缺陷，评价总分值为 4 分，并按下列规则评分： 1 室内空场 500 ~ 1000Hz 混响时间在 2 ~ 4s 之间，语言清晰度指标在 0.40 ~ 0.50 之间，得 2 分； 2 室内空场 500 ~ 1000Hz 混响时间低于 2s，语言清晰度指标大于 0.50，得 4 分。 6.2.5 对建筑内产生噪声的设备及其连接管道进行有效的隔振降噪设计，评价总分值为 4 分，并按下列规则分别评分并累计： 1 选用低噪声产品且设置在对噪声敏感房间干扰较小的位置，得 2 分； 2 采取有效的隔振、消声、隔声措施，得 2 分。

名称	条文
《绿色数据中心评价技术细则》 住建部 2015 年 12 月版	8.1.3 室内噪声级应满足下列要求： 1 在设备正常运行时，总控中心以及辅助区的监控室、维护操作室、接待室、测试室内的噪声级不超过 70dB（A）； 2 支持区的柴油发电机房、冷冻站内，工作人员接触的噪声声级不超过《工业企业设计卫生标准》GBZ1 及《工业企业噪声控制设计规范》GB/T 50087 规定的噪声职业接触限值； 3 行政管理区的办公室、会议室内的噪声级满足现行国家标准《民用建筑隔声设计规范》GB 50118 中的低限标准要求。 8.1.4 办公室、会议室的空气声隔声性能应满足国家标准《民用建筑隔声设计规范》GB 50118 中的低限标准要求。 8.2.6 控制人员活动区域的噪声。按下列规则分别评分并累计： 1 在设备正常运行时，总控中心的室内噪声级：不超过 65dB（A），得 1 分；不超过 60dB（A），得 2 分；不超过 55dB（A），得 3 分； 2 在设备正常运行时，辅助区的监控室、维护操作室、接待室、测试室内的噪声级：不超过 65dB（A），得 1 分；不超过 60dB（A），得 2 分； 3 行政管理区的办公室、会议室内的噪声级：低于 GB 50118 低限标准与高要求标准的平均数值，得 1 分；达到 GB 50118 中的高要求标准，得 2 分。 评价总分值：7 分。 8.2.7 办公室、会议室的空气声隔声性能优于国家标准《民用建筑隔声设计规范》GB 50118 中的低限标准。按下列规则分别评分并累计： 1 办公室的空气声隔声性能：高于低限标准与高要求标准的平均数值，得 1 分；达到高要求标准，得 2 分； 2 会议室的空气声隔声性能：高于低限标准与高要求标准的平均数值，得 1 分；达到高要求标准，得 2 分； 评价总分值：4 分。 8.2.8 隔声减噪设计合理，减少噪声和振动干扰的措施有效。按下列规则分别评分并累计： 1 建筑平面布置和空间布局有利于隔声减噪，得 2 分； 2 采取合理措施控制设备机房产生的噪声和振动，得 2 分； 评价总分值：4 分。 8.2.9 大型会议室、指挥中心、新闻发布厅、会议电视会场和其他有声学要求的重要房间进行专项声学设计，满足相应功能要求。评价分值为 2 分。评价总分值：2 分。
《绿色超高层建筑评价技术细则》 （修订版征求意见稿） 住建部 2016 年 5 月	8.1.1 建筑内旅馆类空间室内背景噪声符合现行国家标准《民用建筑隔声设计规范》GB 50118 中室内允许噪声标准中的一级要求，办公类和商场类空间室内背景噪声水平分别满足现行国家标准《民用建筑隔声设计规范》GB 50118 中相对应的低限要求。

续表

名称	条文
《绿色超高层建筑评价技术细则》（修订版征求意见稿）住建部 2016 年 5 月	8.1.2 建筑围护结构的隔声性能应满足现行国家标准《民用建筑隔声设计规范》GB 50118 中的低限标准要求。 8.2.1 主要功能空间均满足相应室内背景噪声级，评价总分值为 6 分，并按下列规则分别评分。 对单类型建筑，按下列规则分别评分： 1 旅馆类空间室内背景噪声水平达到现行国家标准《民用建筑隔声设计规范》GB 50118 中室内允许噪声标准中的一级要求和特级要求的平均值，得 3 分；达到特级要求限值，得 6 分； 2 办公类空间室内背景噪声水平达到现行国家标准《民用建筑隔声设计规范》GB 50118 中的低限标准限值和高要求标准限值的平均值，得 3 分；达到高要求标准限值，得 6 分； 3 商场类空间室内背景噪声水平达到现行国家标准《民用建筑隔声设计规范》GB 50118 中的低限标准限值和高要求标准限值的平均值，得 3 分；达到高要求标准限值，得 6 分； 对综合类建筑，其得分按以上各功能空间的最低得分值取值。 8.2.2 主要功能房间的隔声性能良好，评价总分值为 8 分，并按下列规则分别评分并累计： 1 构件及相邻房间之间的空气声隔声性能达到现行国家标准《民用建筑隔声设计规范》GB 50118 中的低限标准限值和高要求标准限值的平均值，得 3 分；达到高要求标准限值，得 4 分； 2 楼板的撞击声隔声性能达到现行国家标准《民用建筑隔声设计规范》GB 50118 中的低限标准限值和高要求标准限值的平均值，得 3 分；达到高要求标准限值，得 4 分。 8.2.3 建筑功能空间围护结构侧向隔声能力满足设计要求，得 3 分。 8.2.4 采取减少噪声干扰的措施，评价总分值为 4 分，并按下列规则分别评分并累计： 1 建筑平面、空间布局合理，减少相邻空间的噪声干扰以及外界噪声对室内的影响，没有明显的噪声干扰，得 2 分； 2 采取合理措施控制设备的噪声和振动，降低噪声，得 2 分。 8.2.5 多功能厅、接待大厅、大型会议室和其他有声学要求的重要房间进行专项声学设计，满足相应功能要求，评价分值为 3 分。
《绿色养老建筑评价技术细则》（征求意见稿）住建部 2016 年 8 月	8.1.1 主要功能房间室内噪声级应满足现行国家标准《民用建筑隔声设计规范》GB 50118 中的低限要求。 8.1.2 主要功能房间的外墙、隔墙、楼板和门窗的隔声性能应满足现行国家标准《民用建筑隔声设计规范》GB 50118 的低限要求。 8.1.3 建筑平面布局和空间功能安排合理，卧室、起居室不应与电梯井道、有噪声振动的设备机房等紧邻布置。

Application Guide for Shanghai Green Building Design

名称	条文
《绿色养老建筑评价技术细则》（征求意见稿）住建部 2016 年 8 月	8.2.1 主要功能房间室内噪声级，评价总分值为 6 分。噪声级达到现行国家标准《民用建筑隔声设计规范》GB 50118 中的低限标准限值和高要求标准限值的平均值，得 3 分；达到高要求标准限值，得 6 分。 8.2.2 主要功能房间的隔声性能良好，评价总分值为 9 分，按下列规则分别评分并累计： 1 构件及相邻房间之间的空气声隔声性能达到现行国家标准《民用建筑隔声设计规范》GB 50118 中的低限标准限值和高要求标准限值的平均值，得 3 分；达到高要求标准限值，得 5 分； 2 楼板的撞击声隔声性能达到现行国家标准《民用建筑隔声设计规范》GB 50118 中的低限标准限值和高要求标准限值的平均值，得 3 分；达到高要求标准，得 4 分。 8.2.3 采用同层排水或其他降低排水噪声的有效措施，评价分值为 4 分。 8.2.4 养老设施的多功能厅堂、接待大厅和其他有声学要求的功能房间进行专项声学设计，满足相应功能要求，评价分值为 3 分。

实施途径

1. 根据建筑类型的不同，满足或高于现行国家标准《民用建筑隔声设计规范》GB 50118-2010 中的相应要求。

2. 冷冻机房、通风机房、水泵房、电缆充气控制室等一些有较大噪声的房间，满足安全使用要求时，宜设于地下室内，同时采取一定隔振隔声措施，降低噪声对周围环境的影响。

3. 现行国家标准《民用建筑隔声设计规范》GB 50118-2010 中某些功能房间的外墙、隔墙、门窗隔声标准只有一个级别，可将其视为低限标准，高要求标准按比低限标准高 5dB 执行。

4. 现行国家标准《民用建筑隔声设计规范》GB50118-2010 中某些功能用房的楼板撞击声隔声标准只有一个级别，可将其视为低限标准，高要求标准按比低限标准高 10dB 执行。因为教学用房楼板撞击声隔声标准仅一个级别，随着对教育的重视，宜增加高限标准。

5. 建筑功能空间围护结构侧向隔声性能宜通过提高侧向传声路径上围护结构的隔声性能来满足。

设计文件

建筑专业的设计说明、施工图，环评报告（包括室外噪声对室内的背景噪声影响、室内噪声源影响等）、建筑构件隔声性能分析报告或建筑构件隔声性能的实验室检验报告、声环境专项报告（包括典型时间、主要功能房间等）等。

4.2 室内光环境与视野优化设计

设计要点 室内光环境应满足现行国家标准《建筑采光设计标准》GB 50033-2013 的要求。

相关标准

国家标准

名称	条文
《绿色建筑评价标准》 GB/T 50378-2014	8.2.5 建筑主要功能房间具有良好的户外视野，评价分值为 3 分。对居住建筑，其与相邻建筑的直接间距超过 18m；对公共建筑，其主要功能房间能通过外窗看到室外自然景观，无明显视线干扰。 8.2.6 主要功能房间的采光系数满足现行国家标准《建筑采光设计标准》GB 50033 的要求，评价总分值为 8 分，并按下列规则评分： 1 居住建筑：卧室、起居室的窗地面积比达到 1/6，得 6 分；达到 1/15，得 8 分。 2 公共建筑：根据主要功能房间采光系数满足现行国家标准《建筑采光设计标准》GB 50033 要求的面积比例，按表 8.2.6 的规则评分，最高得 8 分（略）。 注：依据赋分方式，公共建筑主要功能房间采光满足要求的面积比例达到 60%，得 4 分；达到 65%，得 5 分；达到 70%，得 6 分；达到 75%，得 7 分；达到 80%，得 8 分。 8.2.7 改善建筑室内天然采光效果，评价总分值为 14 分，并按下列规则分别评分并累计： 1 主要功能房间有合理的控制眩光措施，得 6 分； 2 内区采光系数满足采光要求的面积比例达到 60%，得 4 分； 3 根据地下空间平均采光系数不小于 0.5% 的面积与首层地下室面积的比例，按表 8.2.7 的规则评分，最高得 4 分（略）。 注：依据赋分方式，地下空间采光满足要求的面积比例达到 5%，得 1 分；达到 10%，得 2 分；达到 15%，得 3 分；达到 20%，得 4 分。
《绿色博览建筑评价标准》 GB/T 51148-2016	8.2.6 博物馆建筑应有光环境的专业设计，满足相应的功能需求。展览建筑展厅内的展览区域照明均匀度不小于 0.7，评价分值为 3 分。 8.2.7 有采光需求的主要功能房间的采光系数满足现行国家标准《建筑采光设计标准》GB 50033 的有关要求，评价总分值为 8 分，按下列规则分别评价并累计： 1 60% 以上有采光需求的主要功能房间的采光系数满足现行国家标准《建筑采光设计标准》GB 50033 的要求，得 4 分； 2 达标房间比例每提高 5%，得分增加 1 分，最高增加 4 分。

名称	条文
《绿色博览建筑评价标准》 GB/T 51148-2016	8.2.8 改善建筑室内天然采光效果，评价总分值为 10 分，按下列规则分别评分并累计： 1 有采光需求的主要功能房间有合理的控制眩光、改善天然采光均匀性的措施，得 2 分； 2 内区采光系数满足采光要求的面积比例不低于 60%，得 2 分；每增加 5% 增加 1 分，最高得 4 分； 3 地下空间平均采光系数不小于 0.5% 的面积大于首层地下室面积的 5%,得 1 分；面积达标比例每提高 5% 得 1 分，最高得 4 分。
《绿色饭店建筑评价标准》 GB/T 51165-2016	8.2.5 客房具有良好的户外视野，且无明显视线干扰，评价总分值为 8 分。根据满足视野要求的客房数量比例，按表 8.2.5 的规则评分（略）。 注：依据赋分方式，客房视野满足要求的客房数量比例达到 70%，得 4 分；达到 80%，得 6 分；达到 90%，得 8 分。 8.2.6 客房的采光系数满足现行国家标准《建筑采光设计标准》GB 50033 的有关规定，评价总分值为 8 分，根据符合现行国家标准《建筑采光设计标准》GB 50033 要求的客房数量比例，按表 8.2.6 的规则评分（略）。 注：依据赋分方式，客房采光系数满足要求的客房数量比例达到 70%，得 4 分；达到 80%，得 6 分；达到 90%，得 8 分。 8.2.7 改善建筑其他主要功能空间的室内天然采光效果，评价总分值为 8 分，按下列规则分别评分并累计： 1 地上部分,除客房以外的区域采光系数符合现行国家标准《建筑采光设计标准》GB 50033 要求的面积比例达到 60%，得 4 分； 2 地下空间，根据平均采光系数不小于 0.5% 的面积与首层地下室面积的比例，按表 8.2.7 的规则评分。 注：依据赋分方式，地下空间采光满足要求的面积比例达到 5%，得 1 分；达到 10%，得 2 分；达到 15%，得 3 分；达到 20%，得 4 分。
《绿色医院建筑评价标准》 GB/T 51153-2015	8.2.3 医院建筑的采光系数标准值符合现行国家标准《建筑采光设计标准》GB 50033 的有关规定。本条评价总分值为 6 分，并应按表 8.2.3 的规则评分（略）。 注：依据赋分方式，60% 以上主要功能空间采光系数满足国家标准，采光均匀度好，眩光限制满足相关规范要求，得 2 分；70% 以上主要功能空间采光系数满足国家标准，采光均匀度好，眩光限制满足相关规范要求，得 4 分；80% 以上主要功能空间采光系数满足国家标准，采光均匀度好，眩光限制满足相关规范要求，得 6 分。 8.2.4 病房、诊室等房间可获得良好的室外景观。本条评价总分值为 8 分，并应按表 8.2.4 的规则评分（略）。 注：依据赋分方式，75% 的病房、诊室等房间可获得良好的室外景观，得 4 分；90% 的病房、诊室等房间可获得良好的室外景观，得 8 分。

名称	条文
《绿色医院建筑评价标准》 GB/T 51153-2015	8.2.5 采用合理措施，改善室内或地下空间的自然采光效果。本条评价总分值为 8 分，并应按表 8.2.5 的规则评分（略）。 注：依据赋分方式，通过合理建筑设计或采用反光板、散光板、集光导光设备等措施改善室内空间采光效果，75% 的室内空间采光系数 ≥ 2%，得 4 分；通过合理建筑设计或采用反光板、散光板、集光导光设备等措施改善地下空间自然采光，地下空间采光系数 ≥ 0.5% 的面积达到首层地下室面积的 5%，得 8 分。
《绿色商店建筑评价标准》 GB/T 51100-2015	8.2.5 改善建筑室内天然采光效果，评价总分值为 10 分，按下列规则评分： 1 入口大厅、中庭等大空间的平均采光系数不小于 2% 的面积比例达到 50%，且有合理的控制眩光和改善天然采光均匀性措施，得 5 分；面积比例达到 75%，且有合理的控制眩光和改善天然采光均匀性措施，得 10 分。 2 根据地下空间平均采光系数不小于 0.5% 的面积与首层地下室面积的比例，按表 8.2.5 的规则评分，最高得 10 分（略）。 注：依据赋分方式，面积比例达到 5%，得 2 分；达到 10%，得 4 分；达到 15%，得 6 分；达到 20%，得 8 分；达到 25%，得 10 分。

地方标准

名称	条文
《公共建筑绿色设计标准》 DGJ 08-2143-20**	6.2.4 建筑主要功能房间应具有良好的户外视野，建筑立面设计应防止装饰构件过多遮挡视线。 6.2.5 主要功能房间应有自然采光，其采光系数标准值应满足现行国家标准《建筑采光设计标准》GB 50033 的规定，主要功能房间采光系数达标的面积比例不宜小于 60%。 6.2.6 建筑设计可采用下列措施改善建筑室内自然采光效果： 1 大进深空间设置中庭、采光天井、屋顶天窗等增强室内自然采光的措施； 2 无天然采光外窗或采光不足的房间，宜采用反光、导光设施将自然光线引入到室内； 3 控制建筑室内表面装修材料的反射比，顶棚面宜为 0.70 ~ 0.90，墙面宜为 0.50 ~ 0.80，地面宜为 0.30 ~ 0.50。 6.2.8 地下空间宜引入自然采光和自然通风。
《住宅建筑绿色设计标准》 DGJ 08-2139-20**	6.2.1 起居室、卧室等主要居室房间宜布置在有良好日照、自然采光和自然通风的位置，宜满足以下要求： 1 卧室、起居室的窗地面积比不小于 1/6； 2 外窗通风开口面积不小于房间地板面积的 8%； 3 卫生间合理设置外窗。 6.2.2 起居室、卧室宜具有良好的视野，其外窗与相邻建筑外窗的直接间距不宜小于 18m。

团体标准

名称	条文
《健康建筑评价标准》 中国建筑学会 TASC 02-2016	6.1.3 天然光光环境应满足以下要求： 1 住宅中至少应有 1 个居住空间满足日照标准要求；老年人居住建筑、幼儿园、中小学校、医院病房的主要功能房间应满足相关日照标准要求； 2 住宅建筑的卧室、起居室（厅）、厨房应有直接采光； 3 住宅中至少应有 1 个居住空间满足现行国家标准《建筑采光设计标准》GB 50033 的采光系数要求，当住宅中居住空间总数不少于 4 个时，应有 2 个及以上居住空间满足；老年人居住建筑和幼儿园的主要功能房间应保证至少 75% 的面积满足采光系数标准要求； 4 采光系统的颜色透射指数 R 不应低于 80； 5 顶部采光均匀度不应低于 0.7，侧面采光均匀度不应低于 0.4； 6 居住建筑窗台面受太阳反射光连续影响时间不应超过 30min。

技术细则

名称	条文
《绿色数据中心评价技术细则》 住建部 2015 年 12 月版	8.2.5 A 级 B 级电子信息系统机房的主机房不宜设置外窗。当主机房设有外窗时，应采用双层固定窗，并应有良好的气密性，不间断电源系统的电池室设有外窗时，应避免阳光直射。
《绿色超高层建筑评价技术细则》 （修订版征求意见稿） 住建部 2016 年 5 月	8.2.6 建筑主要功能房间具有良好的户外视野，能通过外窗看到室外自然景观，无明显视线干扰。评价分值为 3 分 8.2.7 办公、旅馆区域 60% 以上的主要功能空间室内采光系数满足现行国家标准《建筑采光设计标准》GB 50033 的要求，评价总分值为 8 分。根据主要功能房间采光系数满足现行国家标准《建筑采光设计标准》GB 50033 要求的面积比例，按表 8.2.7 的规则评分，最高得 8 分（略）。 注：依据赋分方式，主要功能房间采光满足要求的面积比例达到 60%，得 4 分；达到 65%，得 5 分；达到 70%，得 6 分；达到 75%，得 7 分；达到 80%，得 8 分。 8.2.8 改善建筑室内天然采光效果，评价总分值为 12 分，并按下列规则分别评分并累计： 1 主要功能房间有合理的控制眩光措施，得 4 分； 2 内区采光系数满足采光要求的面积比例达到 60%，得 4 分； 3 采用合理措施改善地下空间的天然采光效果。根据地下空间平均采光系数不小于 0.5% 的面积与首层地下室面积的比例，按表 8.2.8 的规则评分，最高得 4 分（略）。 注：依据赋分方式，地下空间采光满足要求的面积比例达到 5%，得 1 分；达到 10%，得 2 分；达到 15%，得 3 分；达到 20%，得 4 分。

名称	条文
《绿色养老建筑评价技术细则》 （征求意见稿） 住建部 2016 年 8 月	8.2.5 建筑主要功能房间具有良好的户外视野，评价分值为 3 分。 1 对于老年人住宅和老年人公寓，其与相邻建筑的直接间距应超过 18m； 2 对于养老设施建筑，其主要功能房间能通过外窗看到自然景观，无明显视线干扰。 8.2.6 主要功能房间的采光系数满足现行国家标准《建筑采光设计标准》GB 50033 的要求，评价总分值为 8 分，并按下列规则评分： 1 居住空间：卧室、起居室等主要功能空间的窗地面积比达到 1/6，得 6 分；达到 1/5，得 8 分。 2 公共空间：根据主要功能采光系数满足现行国家标准《建筑采光设计标准》GB 50033 要求的面积比例，按表 8.2.6-1 的规则评分，最高得 8 分。 注：依据赋分方式，主要功能房间采光满足要求的面积比例达到 60%，得 4 分；达到 65%，得 5 分；达到 70%，得 6 分；达到 75%，得 7 分；达到 80%，得 8 分。 8.2.7 改善室内天然采光效果，评价总分值为 7 分，按下列规则分别评分并累计： 1 主要功能房间有合理的控制眩光、改善采光均匀性的措施，得 4 分。 2 根据地下空间平均采光系数不小于 0.5% 的面积与首层地下室面积的比例，按表 8.2.7 的规则评分，最高得 3 分。 注：依据赋分方式，地下空间采光满足要求的面积比例达到 5%，得 1 分；达到 10%，得 2 分；达到 15%，得 3 分。

实施途径
1. 视野模拟分析报告中应将周边高大的建筑物、构筑物的影响都考虑在内，建筑自身遮挡也不可忽略，并涵盖所有朝向的最不利房间。应选择在其主要功能房间的中心点 1.5m 高的位置，与窗户各角点连线形成的立体角内，看其是否可以看到天空或者地面。

2. 采用下沉广场（庭院）、集光导光设备、反光板、散光板等措施，可改善地下车库等地下空间的采光。但考虑到合理的经济性，地下空间的采光水平不宜过高。

3. 考虑到采光与热辐射的相互关系，屋顶透明天窗自然采光系数不宜过高（不应超过自然采光所要求的上一等级值），如采光系数过高应采用相应措施降低屋顶透明天窗太阳辐射得热量。

4. 考虑到自然采光与眩光的相互关系，侧面采光系数不宜过高（不应超过自然采光所要求的上一等级值，且不超过 7%）。

设计文件

建筑专业的设计说明、施工图、计算书，包括地下建筑面积、地下一层建筑面积、采光系数计算分析报告、自然采光模拟分析报告及相关计算书等。

4.3　室内热湿环境优化设计

| 设计要点 | 1. 可调遮阳措施，包括活动外遮阳、中空玻璃夹层智能内遮阳、固定外遮阳加内部高反射率可调节遮阳等。
2. 室内人工冷热源热湿环境，应满足国家现行标准《民用建筑室内热湿环境评价标准》GB/T 50785-2012 的要求。 |

相关标准

国家标准

名称	条文
《绿色建筑评价标准》 GB/T 50378-2014	8.1.5 在室内设计温、湿度条件下，建筑围护结构内表面不得结露。 8.1.6 屋顶和东西外墙隔热性能应满足现行国家标准《民用建筑热工设计规范》GB 50176 的要求。 8.2.8 采取可调节遮阳措施，降低夏季太阳辐射得热，评价总分值为 12 分。外窗和幕墙透明部分中，有可控遮阳调节措施的面积比例达到 25%，得 6 分；达到 50%，得 12 分。
《绿色博览建筑评价标准》 GB/T 51148-2016	8.1.5 在室内设计温、湿度条件下，建筑围护结构内表面不得结露。 8.1.6 屋顶和东西外墙隔热性能应满足现行国家标准《民用建筑热工设计规范》GB 50176 的要求。 8.2.9 采取可调节遮阳措施，防止夏季太阳辐射直接进入室内，评价总分值为 12 分，按下列规则评分： 1 太阳直射辐射可直接进入室内的外窗或幕墙，其透明部分面积的 25% 有可控遮阳调节措施，得 6 分； 2 透明部分面积的 50% 以上有可控遮阳调节措施，其中为内遮阳得 9 分，为外遮阳得 12 分。
《绿色饭店建筑评价标准》 GB/T 51165-2016	8.1.4 在室内设计温、湿度条件下，建筑围护结构内表面不得结露。
《绿色医院建筑评价标准》 GB/T 51153-2015	8.1.3 在室内设计温、湿度条件下，建筑围护结构内表面应无结露、发霉现象。 8.2.6 合理设计各种被动措施、主动措施，加强室内热环境的可控性。本条评价总分值为 10 分，并应按表 8.2.6 的规则评分（略）。 注：依据赋分方式，其中，主要功能房间如病房、诊室的使用者可通过开窗、遮阳等被动式措施，自主调整室内局部热环境，得 5 分。 8.2.7 采取可调节遮阳措施，降低夏季太阳辐射得热。本条评价总分值为 8 分，并应按表 8.2.7 的规则评分（略）。

名称	条文
《绿色医院建筑评价标准》 GB/T 51153-2015	注：依据赋分方式，外窗和幕墙透明部分中，有可控遮阳调节措施的面积比例达到 25%，得 3 分；外窗和幕墙透明部分中，有可控遮阳调节措施的面积比例达到 50%，得 8 分。 8.2.12 医院平面布局实现就诊流程优化，显著减少人员拥堵或穿梭次数。本条评价总分值为 7 分，并应按表 8.2.12 的规则评分（略）。 注：依据赋分方式，医院平面布局考虑就诊流程的优化，得 7 分。 8.2.13 医院设计中考虑人性化设计因素，公共场所设有专门的休憩空间，充分利用连廊、架空层、上人屋面等设置公共步行通道、公共活动空间、公共开放空间，并宜考虑全天候的使用需求。本条评价总分值为 5 分，并应按表 8.2.13 的规则评分（略）。 注：依据赋分方式，公共场所设有专门的休憩空间，得 2 分；利用连廊、架空层、上人屋面等设置公共步行通道、公共活动空间、公共开放空间，考虑全天候的使用需求，得 3 分。
《绿色商店建筑评价标准》 GB/T 51100-2015	8.1.5 在室内设计温、湿度条件下，建筑围护结构内表面不应结露。 8.1.6 屋顶和东西外墙隔热性能应满足现行国家标准《民用建筑热工设计规范》GB 50176 的要求。 8.2.7 采取可调节遮阳措施，降低夏季太阳辐射得热，评价总分值为 12 分。外窗和幕墙透明部分中，有可控遮阳调节措施的面积比例达到 25%，采光顶 50% 的面积有可调节遮阳措施，得 6 分；有可控遮阳调节措施的面积比例达到 50%，采光顶全部面积采用可调节遮阳措施，得 12 分。

地方标准

名称	条文
《公共建筑绿色设计标准》 DGJ 08-2143-20**	6.3.1 建筑物的窗墙面积比、屋顶透明部分面积、中庭透明屋顶面积、围护结构热工性能等，应符合现行上海市工程建设规范《公共建筑节能设计标准》DGJ 08-107 的规定。 6.3.2 外墙热工性能应满足现行上海市工程建设规范《公共建筑节能设计标准》DGJ 08-107 的规定限值。 6.3.3 屋面热工性能应满足现行上海市工程建设规范《公共建筑节能设计标准》DGJ 08-107 的规定限值。 6.3.4 架空楼板的热工性能应满足现行上海市工程建设规范《公共建筑节能设计标准》DGJ 08-107 的规定限值，保温层宜设置在楼板的板面，当保温层设在板底时，应采取防坠落的安全措施。 6.3.5 建筑外窗可开启面积不宜小于外窗面积的 30%，建筑幕墙可开启面积不应小于透光幕墙面积的 5% 或设置通风换气装置。

名称	条文
《公共建筑绿色设计标准》 DGJ 08-2143-20**	6.3.6 单一立面窗墙比不宜大于 0.5，外窗、透光幕墙的保温隔热设计应满足下列要求： 1 应采用多腔断热金属型材； 2 塑料外窗应采用多腔塑料型材； 3 外窗传热系数不应大于 2.2W/（m²·K）； 4 当窗墙比大于 0.7 时，外窗传热系数不应大于 1.8W/（m²·K）。 6.3.7 建筑宜采用可调节外遮阳，可调节外遮阳设计可采用下列措施之一： 1 卷帘活动外遮阳； 2 活动横（竖）百叶外遮阳； 3 伸缩式挑篷外遮阳； 4 中空玻璃内置活动百叶遮阳； 5 中空玻璃内置活动卷帘遮阳。 6.3.8 建筑遮阳设施应与建筑一体化设计。
《住宅建筑绿色设计标准》 DGJ 08-2139-20**	6.3.1 建筑物的体形系数、窗墙面积比、围护结构热工性能、屋顶透明部分面积等，应满足上海市现行标准《居住建筑节能设计标准》DGJ 08-205 的规定。 6.3.2 外墙热工性能应满足上海市现行标准《居住建筑节能设计标准》DGJ08-205 的规定限值。 6.3.3 屋面热工性能应满足上海市现行标准《居住建筑节能设计标准》DGJ 08-205 的规定限值。 6.3.4 分户楼板的热工性能应满足上海市现行标准《居住建筑节能设计标准》DGJ 08-205 的规定限值。 6.3.5 主要居室开间窗墙比不宜大于 0.5,外窗的保温隔热设计应满足下列要求： 1 应采用多腔断热金属型材； 2 塑料外窗应采用多腔塑料型材； 3 玻璃的遮阳系数不应小于 0.60； 4 外窗的传热系数不应大于 2.2W/（m²·K）。 6.3.7 宜采用可调节外遮阳，可调节外遮阳可采取下列措施之一： 1 卷帘活动外遮阳； 2 活动横（竖）百叶外遮阳； 3 活动挑篷外遮阳 4 中空玻璃内置活动百叶遮阳； 5 中空玻璃内置活动卷帘遮阳。 6.3.8 应合理布置空调室外机位，设置遮挡装饰百叶时，不应导致排风不畅或进排风短路，装饰百叶处的有效流通面积系数不应小于 0.85，排风气流方向的角度不宜大于 15°。

团体标准

名称	条文
《健康建筑评价标准》 中国建筑学会 TASC 02-2016	6.1.5 建筑外围护结构内表面温度应不低于室内空气露点温度，屋顶和东西外墙内表面温度应符合表 6.1.5 的要求（略）。 6.2.10 室内人工冷热源热湿环境满足现行国家标准《民用建筑室内热湿环境评价标准》GB/T 50785 的要求，评价总分值为 13 分，并按下列规则分别评分并累计：
《健康建筑评价标准》 中国建筑学会 TASC 02-2016	1 热湿环境整体评价等级达到 H 级，得 4 分；达到 I 级，得 8 分； 2 室内人工热环境局部评价指标冷吹风感引起的局部不满意率（LPD1）、垂直温差引起的局部不满意率（LPD2）和地板表面温度引起的局部不满意率（LPDs）满足 H 级的要求得 3 分；满足 I 级的要求得 5 分。

技术细则

名称	条文
《绿色数据中心评价技术细则》 住建部 2015 年 12 月版	8.1.1 主机房、辅助区及不间断电源系统电池室的温度、相对湿度应满足国家标准《电子信息系统机房设计规范》GB 50174 中对 C 级机房的要求。 8.1.11 主机房、辅助区及不间断电源系统电池室均不得结露。
《绿色超高层建筑评价技术细则》 （修订版征求意见稿） 住建部 2016 年 5 月	8.1.5 在室内设计温、湿度条件下，建筑围护结构内表面应无结露、发霉现象。 8.1.6 屋顶和东西外墙隔热性能应满足现行国家标准《民用建筑热工设计规范》GB 50176 的要求。 8.2.9 采取可调节遮阳措施，降低夏季太阳辐射得热，评价总分值为 10 分。外窗和幕墙透明部分中，有可控遮阳调节措施的面积比例达到 25%，得 5 分；达到 50%，得 10 分。
《绿色养老建筑评价技术细则》 （征求意见稿） 住建部 2016 年 8 月	8.1.6 在室内设计温、湿度条件下，建筑围护结构内表面不得结露。 8.1.7 屋顶和东、西外墙隔热性能应满足现行国家标准《民用建筑热工设计规范》GB 50176 的要求。 8.2.9 建筑外窗合理采用遮阳设施。评分总分值为 9 分。西（东）向和南向等朝向采用有效固定遮阳、中空玻璃夹层智能内遮阳、活动外遮阳，外窗和幕墙透明部分中，有可控遮阳调节措施的面积比例达到 25%，得 5 分；达到 50%，得 9 分。

实施途径　　1. 东、西、南向外窗、幕墙和屋顶透明天窗等透明围护结构，夏季阳光直射，太阳辐射较强，应采取可调节遮阳措施。

2. 可调遮阳措施，包括活动外遮阳、中空玻璃夹层智能内遮阳、固定外遮阳加内部高反射率可调节遮阳等。屋顶透明天窗，应采用满足上海市现行标准《公共建筑节能设计标准》DGJ 08-107-2015 中规定性指标中所要求的面积比例及性能参数，且内部设置高反射率可调节遮阳。

设计文件

建筑专业的设计说明、施工图、计算书、模拟分析报告等。

第三章　结构

1　一般规定

1.1　择优选用规则的建筑形体，避免选用特别不规则及严重不规则的建筑形体

| 设计要点 | 避免选用特别不规则及严重不规则的建筑形体。 |

相关标准

国家标准

名称	条文
《绿色建筑评价标准》 GB/T 50378-2014	7.2.1 择优选用建筑形体，评价总分值为9分。根据国家标准《建筑抗震设计规范》GB 50011-2010 规定的建筑形体规则性评分，建筑形体不规则，得3分；建筑形体规则，得9分。
《绿色博览建筑评价标准》 GB/T 51148-2016	7.2.1 择优选用建筑形体，评价总分值为9分。根据现行国家标准《建筑抗震设计规范》GB 50011 规定的建筑形体规则性评分，建筑形体不规则，得6分；建筑形体规则，得9分。
《绿色饭店建筑评价标准》 GB/T 51165-2016	7.2.1 择优选用建筑形体，评价总分值为6分。根据国家标准《建筑抗震设计规范》GB 50011-2010 规定的建筑形体规则性评分，建筑形体不规则，得2分；建筑形体规则，得6分。
《绿色商店建筑评价标准》 GB/T 51100-2015	7.2.1 择优选用建筑形体，评价总分值为12分。根据现行国家标准《建筑抗震设计规范》GB 50011 规定的建筑形体规则性评分，建筑形体不规则，得3分；建筑形体规则，得12分。

地方标准

名称	条文
《公共建筑绿色设计标准》 DGJ 08-2143-20**	7.1.1 建筑形体确定后，结构设计应对不规则的建筑按规定采取加强措施。

名称	条文
《住宅建筑绿色设计标准》 DGJ 08-2139-20**	7.1.1 建筑形体确定后，结构设计应对不规则的建筑按规定采取加强措施。

注：《公共建筑绿色设计标准》、《住宅建筑绿色设计标准》目录尚未发布，因此标准号均未定，下同。

技术细则

名称	条文
《绿色数据中心评价技术细则》 住建部 2015 年 12 月版	7.2.1 选用规则的建筑形体。评分规则如下： 1 选用《建筑抗震设计规范》GB 50011-2010 中所述不规则的建筑形体的，得 1 分； 2 选用《建筑抗震设计规范》GB 50011-2010 中所述规则的建筑形体的，得 5 分。 评价总分值：5 分。
《绿色超高层建筑评价技术细则》 （修订版征求意见稿） 住建部 2016 年 5 月	7.2.1 择优选用规则的建筑形体，避免选用特别不规则及严重不规则的建筑形体。评价总分值为 10 分。评分规则如下：建筑形体不规则，得 6 分；建筑形体规则，得 10 分。
《绿色养老建筑评价技术细则》 （征求意见稿） 住建部 2016 年 8 月	7.2.1 择优选用建筑形体，评价总分值为 10 分，并按下列规则评分： 1 属于国家标准《建筑抗震设计规范》GB 50011-2010 规定的建筑形体不规则，得 3 分； 2 属于国家标准《建筑抗震设计规范》GB 50011-2010 规定的建筑形体规则，得 10 分。

实施途径　1. 按照国家现行标准《建筑抗震设计规范》GB 50011-2010 的定义，形体指建筑平面形状和立面、竖向剖面的变化。

2. 按照国家现行标准《建筑抗震设计规范》GB 50011-2010 的有关规定进行划分，建筑形体及其构件布置包括规则、不规则、特别不规则、严重不规则。其中，平面不规则性的主要类型有扭转不规则、凹凸不规则、楼板局部不连续；竖向不规则性的主要类型有侧向刚度不规则、竖向抗侧力构件不连续、楼层承载力突变。

3. 结构设计应与建筑专业协调配合，尽量避免不规则建筑形体，在满足安全和设计要求的前提下减少结构材料用量。

设计文件

建筑专业和结构专业的设计说明、施工图，建筑形体规则性判定报告、超限报告及专家审查意见。

1.2 现浇混凝土应采用预拌混凝土，建筑砂浆应采用预拌砂浆

设计要点	所采用的预拌砂浆应符合国家现行标准《预拌砂浆》GB/T 25181-2010 及现行行业标准《预拌砂浆应用技术规程》JGJ/T 223-2010 的相关规定。 所采用的预拌混凝土应符合国家现行标准《预拌混凝土》GB/T 14902-2012 的相关规定。

相关标准

国家标准

名称	条文
《绿色建筑评价标准》 GB/T 50378-2014	7.2.8 现浇混凝土采用预拌混凝土，评价分值为 10 分。 7.2.9 建筑砂浆采用预拌砂浆，评价总分值为 5 分。建筑砂浆采用预拌砂浆的比例达到 50%，得 3 分；达到 100%，得 5 分。
《绿色博览建筑评价标准》 GB/T 51148-2016	7.2.8 现浇混凝土采用预拌混凝土，评价分值为 10 分。 7.2.9 建筑砂浆采用预拌砂浆，评价总分值为 5 分。建筑砂浆采用预拌砂浆的比例达到 50%，得 3 分；达到 100%，得 5 分。
《绿色饭店建筑评价标准》 GB/T 51165-2016	7.2.8 现浇混凝土全部采用预拌混凝土，评价分值为 10 分。 7.2.9 建筑砂浆采用预拌砂浆，评价总分值为 5 分。建筑砂浆采用预拌砂浆的比例达到 50%，得 3 分；达到 100%，得 5 分。
《绿色医院建筑评价标准》 GB/T 51153-2015	7.2.2 现浇混凝土使用预拌混凝土。本条评价总分值为 10 分，并应按表 7.2.2 的规则评分（略）。 注：依据赋分方式，现浇混凝土全部使用预拌混凝土，得 10 分。 7.2.3 建筑砂浆使用预拌砂浆。本条评价总分值为 10 分，并应按表 7.2.3 的规则评分（略）。 注：依据赋分方式，50% 以上建筑砂浆使用预拌砂浆，得 6 分；建筑砂浆全部使用预拌砂浆，得 10 分。
《绿色商店建筑评价标准》 GB/T 51100-2015	7.2.8 现浇混凝土采用预拌混凝土，评价分值为 9 分。 7.2.9 建筑砂浆采用预拌砂浆，评价总分值为 5 分。建筑砂浆采用预拌砂浆的比例达到 50%，得 3 分；达到 100%，得 5 分。

地方标准

名称	条文
《公共建筑绿色设计标准》 DGJ 08-2143-20**	7.1.3 现浇混凝土和建筑砂浆应采用预拌混凝土和预拌砂浆。
《住宅建筑绿色设计标准》 DGJ 08-2139-20**	7.1.3 现浇混凝土和建筑砂浆应采用预拌混凝土和预拌砂浆。

名称	条文
《绿色数据中心评价技术细则》 住建部 2015 年 12 月版	7.2.7 现浇混凝土全部采用预拌混凝土。评价分值为 5 分。 评价总分值：5 分。 7.2.8 建筑砂浆采用预拌砂浆。评分规则如下： 1 不少于 50% 的砂浆采用预拌砂浆，得 3 分； 2 砂浆全部采用预拌砂浆，得 5 分。 评价总分值：5 分。
《绿色超高层建筑评价技术细则》 （修订版征求意见稿） 住建部 2016 年 5 月	7.1.4 现浇混凝土采用预拌混凝土。 7.2.8 建筑砂浆全部采用商品砂浆。评价总分值为 10 分。
《绿色养老建筑评价技术细则》 （征求意见稿） 住建部 2016 年 8 月	7.2.9 现浇混凝土采用预拌混凝土，建筑砂浆采用预拌砂浆。评价总分值为 10 分，按下列规则评分并累计。 1 现浇混凝土全部采用预拌混凝土，得 5 分； 2 建筑砂浆全部采用预拌砂浆，得 5 分。

实施途径　预拌砂浆按照生产工艺可分为湿拌砂浆和干混砂浆；按照用途可分为砌筑砂浆、抹灰砂浆、地面砂浆、防水砂浆、陶瓷砖黏结砂浆、界面砂浆、保温板黏结砂浆、保温板抹面砂浆、聚合物水泥防水砂浆、自流平砂浆、耐磨地坪砂浆和饰面砂浆等。

预拌砂浆与现场配制砂浆分类对应表　　　　　　　　　　　　　表 3-1

种类	预拌砂浆	传统砂浆
普通砌筑砂浆	WM5.0、DM5.0 WM7.5、DM7.5 WM10、DM10 WM15、DM15	M5.0 混合砂浆、M5.0 水泥砂浆 M7.5 混合砂浆、M7.5 水泥砂浆 M10 混合砂浆、M10 水泥砂浆 M15 水泥砂浆
普通抹灰砂浆	WP5.0、DP5.0 WP10、DP10 WP15、DP15 WP20、DP20	116 混合砂浆 114 混合砂浆 1:3 水泥砂浆 1:2、1:2.5 水泥砂浆，112 混合砂浆
普通地面砂浆	WS20、DS20	1:2 水泥砂浆

设计文件

　　结构专业的设计说明、施工图，对采用预拌混凝土和预拌砂浆提出要求。

上海市绿色建筑设计应用指南

Application Guide for Shanghai Green Building Design

2 结构优化设计

2.1 地基基础设计应结合建筑所在地实际情况，依据勘察成果、结构特点及使用要求，综合考虑施工条件、场地环境和工程造价等因素，经经济技术比较、基础方案比选，进行优化设计，达到节材效果

设计要点 对地基基础进行优化设计，达到节材效果。

相关标准

国家标准

名称	条文
《绿色建筑评价标准》 GB/T 50378-2014	7.2.2 对地基基础、结构体系、结构构件进行优化设计，达到节材效果，评价分值为 5 分。
《绿色博览建筑评价标准》 GB/T 51148-2016	7.2.2 对地基基础、结构体系、结构构件进行优化设计，达到节材效果，评价总分值为 5 分，按下列规则分别评分并累计： 1 博物馆建筑 1）对地基基础进行节材优化设计，得 2 分； 2）对结构体系进行节材优化设计，得 2 分； 3）对结构构件进行节材优化设计，得 1 分。 2 展览建筑 1）对地基基础进行节材优化设计，得 1 分； 2）对结构体系进行节材优化设计，得 2 分； 3）对结构构件进行节材优化设计，得 2 分。
《绿色饭店建筑评价标准》 GB/T 51165-2016	7.2.2 对地基基础、结构体系及结构构件进行优化设计，达到节材效果，评价总分值为 10 分，按下列规则分别评分并累计： 1 对地基基础进行节材优化设计，得 4 分； 2 对结构构件进行节材优化设计，得 4 分； 3 对结构体系进行节材优化设计，得 2 分。
《绿色商店建筑评价标准》 GB/T 51100-2015	7.2.2 对地基基础、结构体系、结构构件进行优化设计，达到节材效果，评价分值为 8 分。

地方标准

名称	条文
《公共建筑绿色设计标准》 DGJ 08-2143-20**	7.2.1 地基基础设计应结合建筑所在地实际情况，依据勘察成果、结构特点及使用要求，综合考虑施工条件、场地环境和工程造价等因素，经经济技术比较、基础方案比选，就地取材。 7.2.2 桩基宜采用预制桩。钻孔灌注桩宜通过采用后注浆技术提高侧阻力和端阻力。 7.2.3 宜通过先期试桩确定单桩承载力设计值。
《住宅建筑绿色设计标准》 DGJ 08-2139-20**	7.2.1 地基基础设计应结合建筑所在地实际情况，依据勘察成果、结构特点及使用要求，综合考虑施工条件、场地环境和工程造价等因素，经经济技术比较、基础方案比选，就地取材。 7.2.2 桩基宜采用预制桩。钻孔灌注桩宜通过采用后注浆技术提高侧阻力和端阻力。 7.2.3 宜通过先期试桩确定单桩承载力设计值。

技术细则

名称	条文
《绿色数据中心评价技术细则》住建部 2015 年 12 月版	7.2.2 对地基基础、结构体系及结构构件进行优化设计，达到节材效果。按下列规则分别评分并累计： 1 对地基基础进行优化设计的，得 3 分； 2 对结构体系进行优化设计的，得 3 分； 3 对结构构件进行优化设计的，得 2 分。 评价总分值：8 分
《绿色超高层建筑评价技术细则》（修订版征求意见稿）住建部 2016 年 5 月	7.2.2 在保证安全的前提下，结合建筑的地质条件、建筑功能，从抗震、抗风等方面对结构体系和结构构件进行节材优化。评价分值为 5 分。评价规则如下：从抗震方面对结构体系及结构构件进行优化，得 5 分。从抗风方面对结构体系及结构构件进行优化，得 5 分。
《绿色养老建筑评价技术细则》（征求意见稿）住建部 2016 年 8 月	7.2.2 优化设计结构体系，达到节材效果，评价分值为 5 分。

实施途径	1. 根据上部结构情况，地基应优先考虑天然地基。基础在建筑成本中占有较大比例，应进行多方案的论证、对比，采用建筑材料消耗少的结构方案，因地制宜，从结构安全合理、施工方便、节省材料、施工对环境影响小等方面进行论证。 2. 根据上海地区的地质特点及工程经验，后注浆钻孔灌注桩、根植桩、劲性复合桩等桩型可以大幅提高承载力，减低材料用量。

3. 根据上海市现行标准《地基基础设计规范》DGJ 08-11-2010 规定，宜通过先期试桩确定单桩承载力设计值。通过先期试桩确定单桩承载力设计值，一方面可以确保桩基具有足够的承载力，另一方面，先期试桩可加载至地基土破坏，能发挥桩基承载力的余量，符合绿色设计节材的精神。

设计文件

建筑专业和结构专业的设计说明、施工图，地基基础方案比选论证报告。

2.2 在保证安全的前提下，应根据建筑的抗震设防类别、抗震设防烈度、建筑高度、场地条件、地基、结构材料和施工等因素，经技术、经济和使用条件综合比较，对结构体系和结构构件进行节材优化

设计要点 在保证安全的前提下，对结构体系和结构构件进行节材优化，重点从节材的角度判断优化的措施和效果的合理性。

相关标准

国家标准

名称	条文
《绿色建筑评价标准》 GB/T 50378-2014	7.2.2 对地基基础、结构体系、结构构件进行优化设计，达到节材效果，评价分值为 5 分。
《绿色博览建筑评价标准》 GB/T 51148-2016	7.2.2 对地基基础、结构体系、结构构件进行优化设计，达到节材效果，评价总分值为 5 分，按下列规则分别评分并累计： 1 博物馆建筑 1）对地基基础进行节材优化设计，得 2 分； 2）对结构体系进行节材优化设计，得 2 分； 3）对结构构件进行节材优化设计，得 1 分。 2 展览建筑 1）对地基基础进行节材优化设计，得 1 分； 2）对结构体系进行节材优化设计，得 2 分； 3）对结构构件进行节材优化设计，得 2 分。

名称	条文
《绿色饭店建筑评价标准》 GB/T 51165-2016	7.2.2 对地基基础、结构体系及结构构件进行优化设计，达到节材效果，评价总分值为 10 分，按下列规则分别评分并累计： 1 对地基基础进行节材优化设计，得 4 分； 2 对结构构件进行节材优化设计，得 4 分； 3 对结构体系进行节材优化设计，得 2 分。
《绿色商店建筑评价标准》 GB/T 51100-2015	7.2.2 对地基基础、结构体系、结构构件进行优化设计，达到节材效果，评价分值为 8 分。

地方标准

名称	条文
《公共建筑绿色设计标准》 DGJ 08-2143-20**	7.3.1 结构设计可按以下要求优化： 1 结构抗震设计性能目标优化设计； 2 结构材料（材料种类以及强度等级）比选优化设计； 3 结构构件布置以及截面优化设计。 7.3.2 在保证安全性与耐久性的情况下，宜根据建筑功能、受力特点选择材料用量较少的结构体系。有条件时宜采用隔震或耗能减震结构。合理采用钢结构、钢与混凝土混合结构等结构体系。 7.3.3 结构构件优化设计宜符合下列规定： 1 高层混凝土结构的竖向构件宜进行截面优化设计； 2 大开间宜合理采用有黏结预应力梁、无黏结预应力混凝土楼板、现浇混凝土空心楼板等； 3 由强度控制的钢结构构件，优先选用高强钢材；由刚度控制的钢结构，优先调整构件布置和构件截面，增加结构刚度； 4 采用钢结构楼盖时，宜合理采用组合梁进行设计； 5 采用具有节材效果明显、工业化生产水平高的构件。 7.4.1 结构设计宜采用资源消耗少、环境影响小及适合工业化建造的建筑结构体系。 7.4.2 实施装配式建筑的项目，建筑单体预制率或装配率比例不应低于上海市的相关规定。
《住宅建筑绿色设计标准》 DGJ 08-2139-20**	7.3.1 结构设计可按以下要求优化： 1 结构抗震设计性能目标优化设计； 2 结构材料（材料种类以及强度等级）比选优化设计； 3 结构构件布置以及截面优化设计。 7.3.2 在保证安全性与耐久性的情况下，宜根据建筑功能、受力特点选择材料用量较少的结构体系。有条件时宜采用隔震或耗能减震结构。合理采用钢结构、钢与混凝土混合结构等结构体系。

名称	条文
《住宅建筑绿色设计标准》 DGJ 08-2139-20**	7.3.3 结构构件优化设计宜符合下列规定: 1 高层混凝土结构的竖向构件宜进行截面优化设计; 2 大开间宜合理采用有黏结预应力梁、无黏结预应力混凝土楼板、现浇混凝土空心楼板等; 3 由强度控制的钢结构构件,优先选用高强钢材;由刚度控制的钢结构,优先调整构件布置和构件截面,增加钢结构刚度; 4 采用钢结构楼盖时,宜合理采用组合梁进行设计; 5 合理采用具有节材效果明显、工业化生产水平高的构件。 7.4.1 结构设计宜采用资源消耗少、环境影响小及适合工业化建造的建筑结构体系。 7.4.2 实施装配式建筑的项目,建筑单体预制率或装配率比例不应低于上海市的相关规定。

技术细则

名称	条文
《绿色数据中心评价技术细则》住建部 2015 年 12 月版	7.2.2 对地基基础、结构体系及结构构件进行优化设计,达到节材效果。按下列规则分别评分并累计: 1 对地基基础进行优化设计的,得 3 分; 2 对结构体系进行优化设计的,得 3 分; 3 对结构构件进行优化设计的,得 2 分。 评价总分值:8 分。
《绿色超高层建筑评价技术细则》(修订版征求意见稿) 住建部 2016 年 5 月	7.2.2 在保证安全的前提下,结合建筑的地质条件、建筑功能,从抗震、抗风等方面对结构体系和结构构件进行节材优化。评价分值为 5 分。评价规则如下: 从抗震方面对结构体系及结构构件进行优化,得 5 分。从抗风方面对结构体系及结构构件进行优化,得 5 分。
《绿色养老建筑评价技术细则》(征求意见稿) 住建部 2016 年 8 月	7.2.2 优化设计结构体系,达到节材效果,评价分值为 5 分。

> **实施途径** 1. 在保证安全的前提下,根据建筑的抗震设防类别、抗震设防烈度、建筑高度、场地条件、地基、结构材料和施工等因素,经技术、经济和使用条件综合比较,优化结构体系、平面布置、构件类型及截面尺寸的设计,充分利用不同结构材料的强度、刚度及延性等特性,减少主体结构材料和施工措施材料用量。

对结构体系和结构构件进行节材优化，重点在于从节材的角度判断优化的措施和效果的合理性。

2. 资源消耗少、环境影响小的结构体系主要有钢结构、木结构以及预制构件用量比例不小于 60% 的装配式混凝土结构。采用预制构件用量比例达到 60% 的装配式混凝土结构时，预制构件用量比例应在设计文件中注明，并应有预制构件用量比例计算书。

建筑单体预制率或装配率具体计算方法和指标要求按相关规定执行，应在设计文件中注明，并应提供预制构件用量比例计算书。根据上海市有关规定，单体预制率是指混凝土结构、钢结构、钢 - 混凝土混合结构、木结构等结构类型的装配式建筑标高 ±0.000 以上主体结构和围护结构中预制构件部分的材料用量占对应构件材料总用量的比率；单体装配率是指装配式建筑中预制构件、建筑部品的数量（或面积）占同类构件或部品总数（或面积）的比率。

设计文件

建筑专业和结构专业的设计说明、施工图，结构体系和结构构件节材优化设计书，预制构件用量比例计算书。

2.3 合理采用高强建筑结构材料

设计要点 高强建筑结构材料，包括 400MPa 级及以上热轧带肋高强钢筋、C50 及以上混凝土、Q345 及以上高强钢材等。

相关标准

国家标准

名称	条文
《绿色建筑评价标准》 GB/T 50378-2014	7.1.2 混凝土结构中梁、柱纵向受力普通钢筋应采用不低于 400MPa 级的热轧带肋钢筋。 7.2.10 合理采用高强建筑结构材料，评价总分值为 10 分，并按下列规则评分。 1 混凝土结构： 1）根据 400MPa 级及以上受力普通钢筋的比例，按表 7.2.10 的规则评分，最高得 10 分（略）。 注：依据赋分方式，400MPa 级及以上受力普通钢筋的比例达到 30%，得 4 分；达到 50%，得 6 分；达到 70%，得 8 分；达到 85%，得 10 分。

名称	条文
《绿色建筑评价标准》 GB/T 50378-2014	2）混凝土竖向承重结构采用强度等级不小于 C50 混凝土用量占竖向承重结构中混凝土总量的比例达到 50%，得 10 分。 2 钢结构：Q345 及以上高强钢材用量占钢材总量的比例达到 50%，得 8 分；达到 70%，得 10 分。 3 混合结构：对其混凝土结构部分和钢结构部分，分别按本条第 1 款和第 2 款进行评价，得分取两项得分的平均值。
《绿色博览建筑评价标准》 GB/T 51148-2016	7.1.2 混凝土结构中梁、柱纵向受力普通钢筋应采用不低于 400MPa 级的热轧带肋钢筋。 7.2.10 合理采用高强建筑结构材料，评价总分值为 10 分，并按下列规则评分。 1 混凝土结构： 1）根据 400MPa 级及以上受力普通钢筋的比例达到 30%，得 4 分；达到 50%，得 6 分；达到 70%，得 8 分；达到 85%，得 10 分。 2）混凝土竖向承重结构采用强度等级不小于 C50 混凝土用量占竖向承重结构中混凝土总量的比例达到 50%，得 10 分。 2 钢结构：Q345 及以上高强钢材用量占钢材总量的比例达到 50%，得 8 分；达到 70%，得 10 分。 3 混合结构：对其混凝土结构部分和钢结构部分，分别按本条第 1 款和第 2 款进行评价，得分取两项得分的平均值。
《绿色饭店建筑评价标准》 GB/T 51165-2016	7.1.2 混凝土结构中梁、柱纵向受力普通钢筋应采用不低于 400MPa 级的热轧带肋钢筋。 7.2.9 合理采用高强建筑结构材料，评价总分值为 10 分，并按下列规则评分。 1 混凝土结构： 1）根据 400MPa 级及以上受力普通钢筋的比例，按表 7.2.9 的规则评分，最高得 10 分（略）。 注：依据赋分方式，400MPa 级及以上受力普通钢筋的比例达到 30%，得 4 分；达到 50%，得 6 分；达到 70%，得 8 分；达到 85%，得 10 分。 2）混凝土竖向承重结构采用强度等级不小于 C50 混凝土用量占竖向承重结构中混凝土总量的比例不低于 50%，得 10 分。 2 钢结构：Q345 及以上高强钢材用量占钢材总量的比例达到 50%，得 8 分；达到 70%，得 10 分。 3 混合结构：对其混凝土结构部分和钢结构部分，分别按本条第 1 款和第 2 款进行评价，得分取两项得分的平均值。
《绿色医院建筑评价标准》 GB/T 51153-2015	7.1.2 混凝土结构中梁、柱纵向受力钢筋采用不低于 400MPa 级的热轧带肋钢筋。 7.2.4 合理采用高强建筑结构材料。本条评价总分值为 10 分，并应按表 7.2.4 的规则评分（略）。

名称	条文
《绿色医院建筑评价标准》 GB/T 51153-2015	注：依据赋分方式，6 层以上钢筋混凝土建筑，钢筋混凝土结构中受力普通钢筋使用 HRB400 级（及以上等级）钢筋占受力普通钢筋总量的 50% 以上，得 6 分；70% 以上，得 8 分；85% 以上，或使用 HRB500 级（及以上等级）钢筋占受力普通钢筋总量的 65% 以上，得 10 分。混凝土竖向承重结构采用强度等级在 C50（及以上等级）混凝土用量占竖向承重结构中混凝土总量的比例不低于 50%，得 10 分。钢结构建筑，Q345 及以上等级高强钢材用量占钢材总量的比例不低于 50%，得 8 分；不低于 70%，得 10 分。
《绿色商店建筑评价标准》 GB/T 51100-2015	7.1.2 混凝土结构中梁、柱纵向受力普通钢筋应采用不低于 400MPa 级的热轧带肋钢筋。 7.2.10 合理采用高强建筑结构材料，评价总分值为 10 分，按下列规则评分。 1 混凝土结构： 1）根据 400MPa 级及以上受力普通钢筋的比例，按表 7.2.10 的规则评分，最高得 10 分（略）。 注：依据赋分方式，400MPa 级及以上受力普通钢筋的比例达到 30%，得 4 分；达到 50%，得 6 分；达到 70%，得 8 分；达到 85%，得 10 分。 2）混凝土竖向承重结构采用强度等级不小于 C50 混凝土用量占竖向承重结构中混凝土总量的比例达到 50%，得 10 分。 2 钢结构：Q345 及以上高强钢材用量占钢材总量的比例达到 50%，得 8 分；达到 70%，得 10 分。 3 混合结构：对其混凝土结构部分和钢结构部分，分别按本条第 1 款和第 2 款进行评价，得分取两项得分的平均值。

地方标准

名称	条文
《公共建筑绿色设计标准》 DGJ 08-2143-20**	7.1.2 混凝土结构中梁、柱纵向受力普通钢筋应采用 400MPa 级及以上的热轧带肋钢筋。 7.3.4 采用高强度钢筋，梁、柱、墙、板和基础等构件中的纵向受力钢筋及箍筋宜采用 400MPa 级及以上的热轧带肋钢筋，用量比例不宜低于 30%。 7.3.5 采用 Q345 及以上高强钢材，用量比例不宜低于钢材总量的 50%。 7.3.6 采用高耐久性混凝土，竖向承重构件合理采用 C50 及以上等级的混凝土，用量比例不宜低于竖向承重结构中混凝土总量的 50%。
《住宅建筑绿色设计标准》 DGJ 08-2139-20**	7.1.2 混凝土结构中梁、柱纵向受力普通钢筋应采用 400MPa 级及以上的热轧带肋钢筋。 7.3.4 合理采用高强度钢筋，梁、柱、墙、板和基础等构件中的纵向受力钢筋及箍筋宜采用 400MPa 级及以上的热轧带肋钢筋，用量比例不宜低于 30%。 7.3.5 采用 Q345 及以上高强钢材，用量比例不宜低于钢材总量的 50%。 7.3.6 采用高耐久性混凝土，竖向承重构件合理采用 C50 及以上等级的混凝土，用量比例不宜低于竖向承重结构中混凝土总量的 50%。

名称	条文
《绿色数据中心评价技术细则》 住建部 2015 年 12 月版	7.1.2 混凝土结构中梁、柱纵向受力普通钢筋采用不低于 400MPa 级的热轧带肋钢筋。 7.2.9 合理采用高强建筑结构材料。按下列规则评分： 1 钢筋混凝土结构 1）受力普通钢筋使用不低于 400MPa 级钢筋占受力普通钢筋总量的 50% 以上，得 6 分； 2）受力普通钢筋使用不低于 400MPa 级钢筋占受力普通钢筋总量的 70% 以上，得 8 分； 3）受力普通钢筋使用不低于 400MPa 级钢筋占受力普通钢筋总量的 85% 以上，或使用 HRB500 级钢筋占受力普通钢筋的 65% 以上，得 10 分。 或者 4）混凝土竖向承重结构采用强度等级不小于 C50 混凝土用量占竖向承重结构中混凝土总量的比例超过 50%，得 10 分。 2 针对钢结构 1）Q345 及以上高强钢材用量占钢材总量的比例不低于 50%，得 8 分； 2）Q345 及以上高强钢材用量占钢材总量的比例不低于 70%，得 10 分。 3 针对混合结构 1）对其混凝土结构部分，按本条第 1 款进行评价； 2）对其钢结构部分，按本条第 2 款进行评价； 3）得分取前两项得分的平均值。评价分值：10 分。 评价总分值：10 分。
《绿色超高层建筑评价技术细则》 （修订版征求意见稿） 住建部 2016 年 5 月	7.1.2 混凝土结构中梁、柱纵向受力普通钢筋采用不低于 400MPa 级的热轧带肋钢筋。 7.2.19 合理采用高强建筑结构材料。评价总分值为 10 分，评分规则按照以下 1、2 款得分的平均值确定： 1 对钢结构部分：Q345 及以上高强钢材用量占钢材总量的比例达到 70%，得 8 分；达到 90%，得 10 分。 2 对混凝土结构部分： 1）400MPa 级及以上受力普通钢筋达到总量的 70%，得 6 分；达到总量的 80%，得 8 分；达到总量的 90%，得 10 分。 2）混凝土竖向承重结构采用强度等级不小于 C50 混凝土用量占竖向承重结构中混凝土总量的比例达到 80%，得 8 分；达到 90%，得 10 分。
《绿色养老建筑评价技术细则》 （征求意见稿） 住建部 2016 年 8 月	7.1.2 混凝土结构中梁、柱纵向受力普通钢筋采用不低于 400MPa 级的热轧带肋钢筋。 7.2.14 合理采用高强结构材料。评价总分值为 10 分，并按下列规则评分： 1 钢筋混凝土建筑

名称	条文
《绿色养老建筑评价技术细则》 （征求意见稿） 住建部 2016 年 8 月	（1）根据 400MPa 级及以上受力普通钢筋的比例，按下列规则评分： 1）钢筋混凝土结构中的受力普通钢筋使用不小于 HRB400 级钢筋占受力普通钢筋总量的 30% 以上，得 4 分； 2）钢筋混凝土结构中的受力普通钢筋使用不小于 HRB400 级钢筋占受力普通钢筋总量的 70% 及以上，得 7 分； 3）钢筋混凝土结构中的受力普通钢筋使用不小于 HRB400 级钢筋占受力普通钢筋总量的 85% 及以上，或使用 HRB500 级钢筋占受力普通钢筋的 65% 及以上，得 10 分； （2）混凝土竖向承重结构采用强度等级不小于 C50 混凝土用量占竖向承重结构中混凝土总量的比例超过 50%，得 10 分。 2 对钢结构建筑 （1）Q345 等高强钢材用量占钢材总量的比例不低于 50%，得 6 分； （2）Q345 等高强钢材用量占钢材总量的比例不低于 70%，得 10 分。 3 混合结构：对其混凝土结构部分和钢结构部分，分别按本条第 1 款和第 2 款进行评价，得分取两项得分的平均值。

实施途径　1. 合理采用高强度结构材料，可减小构件的截面尺寸及材料用量，同时也可减轻结构自重，减小地震作用及地基基础的材料消耗。

2. 混凝土结构中的受力普通钢筋，包括梁、柱、墙、板、基础等构件中的纵向受力筋及箍筋。混合结构，指由钢框架或型钢（钢管）混凝土框架与钢筋混凝土筒体所组成的共同承受竖向和水平作用的高层建筑结构。

3. 结构设计总说明、结构梁和结构柱的配筋图，应根据国家现行标准《混凝土结构设计规范》GB 50010-2010 和上海市现行标准《热轧带肋高强钢筋应用技术规程》DG/TJ 08-2236-2017 的相关规定，对混凝土结构中梁、柱纵向受力普通钢筋，梁、柱、墙、板和基础等构件中的纵向受力钢筋及箍筋，提出强度等级和品种要求，注明普通受力钢筋牌号和规格，并提供高强建筑结构材料用量计算书。

设计文件

建筑专业和结构专业的设计说明、施工图，高强建筑结构材料用量计算书。

2.4 合理采用高耐久性建筑结构材料

设计要点　高耐久性建筑结构材料，包括高耐久性混凝土、耐候结构钢或耐候型防腐涂料等。

相关标准

国家标准

名称	条文
《绿色建筑评价标准》 GB/T 50378-2014	7.2.11 合理采用高耐久性建筑结构材料，评价分值为 5 分。对混凝土结构，其中高耐久性混凝土用量占混凝土总量的比例达到 50%；对钢结构，采用耐候结构钢或耐候型防腐涂料。
《绿色博览建筑评价标准》 GB/T 51148-2016	7.2.11 合理采用高耐久性建筑结构材料，评价总分值为 5 分，按下列规则评分： 1 混凝土结构： 1）按现行国家标准《混凝土结构耐久性设计规范》GB/T 50476 的有关要求进行耐久性设计，得 3 分； 2）高耐久性混凝土用量占混凝土总量的比例达到 50%，得 5 分； 2 钢结构： 1）按现行行业标准《建筑钢结构防腐蚀技术规程》JGJ/T 251 的有关要求进行防腐蚀设计，得 3 分； 2）采用耐候结构钢或涂装耐候型防腐涂料，得 5 分； 3 混合结构：对其混凝土结构部分和钢结构部分，分别按本条第 1 款和第 2 款进行评价，得分取两项得分的平均值。
《绿色饭店建筑评价标准》 GB/T 51165-2016	7.2.10 合理采用高耐久性建筑结构材料，评价分值为 5 分。对混凝土结构，其中高耐久性混凝土用量占混凝土总量的比例达到 50%；对钢结构，采用耐候结构钢或耐候型防腐涂料。
《绿色医院建筑评价标准》 GB/T 51153-2015	7.2.5 合理采用高耐久性建筑结构材料。本条评价总分值为 5 分，并应按表 7.2.5 的规则评分（略）。 注：依据赋分方式，对混凝土结构，高耐久性混凝土用量占混凝土总量的比例不低于 50%；对钢结构，采用耐候结构钢或耐候型防腐涂料。
《绿色商店建筑评价标准》 GB/T 51100-2015	7.2.11 合理采用高耐久性建筑结构材料，评价分值为 5 分。对混凝土结构，其中高耐久性混凝土用量占混凝土总量的比例达到 50%；对钢结构，采用耐候结构钢或耐候型防腐涂料。

地方标准

名称	条文
《公共建筑绿色设计标准》 DGJ 08-2143-20**	7.3.6 采用高耐久性混凝土，竖向承重构件合理采用 C50 及以上等级的混凝土，用量比例不宜低于竖向承重结构中混凝土总量的 50%。 7.3.7 合理采用高耐久性钢结构材料，暴露于大气中的钢结构宜采用耐候结构钢或涂刷耐候型防腐涂料。
《住宅建筑绿色设计标准》 DGJ 08-2139-20**	7.3.6 采用高耐久性混凝土，竖向承重构件合理采用 C50 及以上等级的混凝土，用量比例不宜低于竖向承重结构中混凝土总量的 50%。 7.3.7 合理采用高耐久性钢结构材料，暴露于大气中的钢结构宜采用耐候结构钢或涂刷耐候型防腐涂料。

技术细则

名称	条文
《绿色数据中心评价技术细则》 住建部 2015 年 12 月版	7.2.10 合理采用高耐久性结构材料。按下列规则评分： 1 混凝土结构：高耐久性混凝土用量占混凝土总量的比例超过 50%，得 5 分； 2 钢结构：耐候结构钢用量占钢材总量的比例超过 50%，得 5 分； 评价总分值：5 分。
《绿色超高层建筑评价技术细则》 （修订版征求意见稿） 住建部 2016 年 5 月	7.2.10 合理采用高耐久性结构材料。评价总分值为 3 分，评分规则如下： 1 钢结构采用耐候结构钢或耐候型防腐涂料，得 3 分； 2 混凝土结构中高耐久性混凝土用量占混凝土总量的比例超过 50%，得 3 分。
《绿色养老建筑评价技术细则》 （征求意见稿） 住建部 2016 年 8 月	7.2.15 合理采用高耐久性建筑材料。评价总分值为 5 分，按下列规则评分并累计 1 混凝土结构： 1）混凝土结构采用高耐久性混凝土用量占混凝土总量的比例超过 50%，得 4 分； 2）采用耐磨及抗污性能好的地面材料，得 1 分。 2 钢结构： 1）采用耐候结构钢或耐候型防腐涂料，得 4 分； 2）采用耐磨及抗污性能好的地面材料，得 1 分。 3 混合结构：对其混凝土结构部分和钢结构部分，分别按本条第 1 款和第 2 款进行评价，得分取两项得分的平均值。

实施途径	1. 高耐久性混凝土须按现行行业标准《混凝土耐久性检验评定标准》JGJ/T 193-2009 进行检测，抗硫酸盐等级 KS90，抗氯离子渗透、抗碳化及抗早期开裂均达到 III 级，不低于国家现行标准《混凝土结构耐久性设计规范》GB/T 50476-2008 中 50 年设计寿命要求。

2. 耐候结构钢应符合国家现行标准《耐候结构钢》GB/T 4171-2008 和现行行业标准《建筑钢结构防腐蚀技术规程》JGJ/T 251-2011 的要求。

3. 耐候防腐涂料应符合现行行业标准《建筑用钢结构防腐涂料》JGJ/T 224-2007 中 II 型面漆和长效型底漆的要求。

4. 结构施工图设计文件应有高耐久性混凝土、耐候结构钢、耐候防腐涂料的相关设计说明，并应提供耐候结构钢用量比例计算书。

设计文件

结构专业的设计说明、施工图，应有高耐久性混凝土、耐候结构钢、耐候防腐涂料的相关设计说明，并应提供高耐久性混凝土、耐候结构钢用量比例计算书。

第四章　给水排水

1　一般规定

1.1　给水排水设计应安全适用、高效完善、因地制宜、经济合理

设计要点	给水排水应遵循安全适用、高效完善、因地制宜、经济合理的设计理念，避免过度追求形式上的技术创新与奢华配置。

相关标准

国家标准

名称	条文
《绿色建筑评价标准》 GB/T 50378-2014	6.1.2 给排水系统设置应合理、完善、安全。
《绿色博览建筑评价标准》 GB/T 51148-2016	6.1.2 给排水系统设置应合理、完善、安全。
《绿色饭店建筑评价标准》 GB/T 51165-2016	6.1.2 给排水系统设置应合理、完善、安全。
《绿色医院建筑评价标准》 GB/T 51153-2015	6.1.2 绿色医院建筑应设置合理、完善、安全的给水排水系统。
《绿色商店建筑评价标准》 GB/T 51100-2015	6.1.2 给排水系统设置应合理、完善、安全，并充分利用城市自来水管网压力。
《建筑给水排水设计规范》 GB 50015-2003（2009 年版）	1.0.1 为保证建筑给水排水设计质量，使设计符合安全、卫生、适用、经济等基本要求，制定本规范。
《民用建筑节水设计标准》 GB 50555-2010	1.0.1 为贯彻国家有关法律法规和方针政策，统一民用建筑节水设计标准，提高水资源的利用率，在满足用户对水质、水量、水压和水温的要求下，使节水设计做到安全适用、技术先进、经济合理、确保质量、管理方便，制定本标准。

地方标准

名称	条文
《公共建筑绿色设计标准》 DGJ 08-2143-20**	8.1.1 给水排水设计应安全适用、高效完善、因地制宜、经济合理。
《住宅建筑绿色设计标准》 DGJ 08-2139-20**	8.1.1 水资源利用应有策划方案，其策划内容应符合本标准第 4.4.1、4.4.2、4.4.3 款的规定。 8.1.2 给水排水系统设计应安全、合理、完善。 8.3.1 生活热水供应水质应符合现行国家生活饮用水水质标准的要求。 8.3.2 当有集中热水供应时，应在套内热水表前设置循环回水管，热水表后不循环的热水给水支管长度不宜超过 8m。

团体标准

名称	条文
《健康建筑评价标准》 中国建筑学会 TASC 02-2016	5.1.1 生活饮用水水质应符合现行国家标准《生活饮用水卫生标准》GB 5749 的要求，直饮水水质应符合现行行业标准《饮用净水水质标准》CJ 94 的要求。 5.1.2 非传统水源、游泳池、采暖空调系统、景观水体等的水质应符合现行有关国家标准的要求。 5.1.3 给水水池、水箱等储水设施应定期清洗消毒，每半年至少 1 次。 5.1.4 应采取有效措施避免室内给水排水管道结露和漏损。 5.2.1 合理设置直饮水系统，运行管理科学规范，评价总分值为 7 分，并按下列规则分别评分并累计： 1 通过技术经济比较，选取合理的直饮水供水系统形式及处理工艺，得 3 分； 2 具备科学规范的直饮水系统维护管理制度及水质监测管理制度，得 4 分。 5.2.2 生活饮用水水质指标优于现行国家标准《生活饮用水卫生标准》GB 5749 的要求，评价总分值为 10 分，并按下列规则分别评分并累计： 1 总硬度指标按表 5.2.2-1 的规则评分，最高得 5 分； 2 生活饮用水中的菌落总数按表 5.2.2-2 的规则评分，最高得 5 分。 5.2.3 集中生活热水系统供水温度不低于 55℃，同时采取抑菌、杀菌措施，评价总分值为 8 分，并按下列规则分别评分并累计： 1 设置干管循环系统，得 1 分；设置立管循环系统，得 3 分；设置支管循环系统或配水点出水温度不低于 45℃的时间不大于 10s，得 4 分； 2 设置消毒杀菌装置，并在运行期间对其定期清洗和维护，得 4 分。 5.2.4 给水管道使用铜管、不锈钢管，评价总分值为 10 分，并按下列规则分别评分并累计： 1 生活饮用水管道使用铜管、不锈钢管，得 7 分； 2 直饮水管道使用不锈钢管，得 3 分。 5.2.5 各类给水排水管道和设备设置明确、清晰的标识以防止误接和避免误饮、误用，评价分值为 10 分。

Application Guide for Shanghai Green Building Design

名称	条文
《健康建筑评价标准》 中国建筑学会 TASC 02-2016	5.2.9 厨房和卫生间分别设置排水系统，评价分值为 5 分。 5.2.10 卫生器具和地漏合理设置水封，评价总分值为 10 分，并按下列规则分别评分并累计： 1 使用构造内自带存水弯的卫生器具且其水封深度不小于 50mm，得 5 分； 2 地漏水封深度不小于 50mm，得 3 分； 3 选用具有防干涸功能的地漏，得 2 分。 5.2.11 制定水质检测的送检制度，定期检测各类用水的水质，评价总分值为 9 分，并按下列规则分别评分并累计： 1 生活饮用水、直饮水每季度检测 1 次，得 3 分； 2 室内游泳池池水、生活热水每季度检测 1 次，得 3 分； 3 非传统水源、采暖空调系统用水每半年检测 1 次，得 3 分。 5.2.12 设置水质在线监测系统，评价总分值为 11 分，并按下列规则分别评分并累计： 1 生活饮用水、直饮水、游泳池水水质在线监测系统具有监测浊度、余氯的功能，得 3 分；具有监测浊度、余氯、pH 值、电导率（TDS）的功能，得 4 分； 2 非传统水源水质在线监测系统具有监测浊度、余氯的功能，得 3 分；具有监测浊度、余氯、pH 值、电导率（TDS）的功能，得 4 分； 3 实时公开各类用水水质的各项监测结果，得 3 分。

技术细则

名称	条文
《绿色数据中心评价技术细则》 住建部 2015 年 12 月版	6.1.2 给水、排水系统设置应合理、完善、安全。
《绿色超高层建筑评价技术细则》 （修订版征求意见稿）住建部 2016 年 5 月	6.1.2 设置合理、完善、安全的供水、排水系统。
《绿色养老建筑评价技术细则》 （征求意见稿）住建部 2016 年 8 月	6.1.2 给排水系统的设置应安全、合理、完善。

实施途径　　1. 给水排水系统应符合国家现行标准《建筑给水排水设计规范》GB 50015-2003（2009 年版）、《城镇给水排水技术规范》GB 50788-2012、《民用建筑节水设计标准》GB 50555-2010、《建筑中水设计规范》GB 50336-2002 和现行中国建筑学会《健康建筑评价标准》TASC 02-2016 等的要求，合理、完善、安全、健康、舒适。

2. 供水水质应符合国家现行标准《生活饮用水卫生标准》GB 5749-2006 的要求，给水水池、水箱、容积式热水器等储水设施的设计与运行管理应符合国家现行标准《二次供水设施卫生规范》GB 17051-1997 的要求，给水排水管道和设备应设置明确、清晰的永久性标识。

3. 供水水压应稳定、可靠。集中热水供应系统应确保冷热水系统压力平衡，并设置完善的循环系统，保证配水点出水温度不低于 45℃ 的时间，对于住宅不得大于 15s，对于医院和旅馆等公共建筑不得大于 10s。为减少"无效冷水"流失，并达到使用舒适的目的做出规定，当热水给水支管长度超过 8m 时，可采用支管自调控电伴热措施。

4. 相关设计和竣工文件中应落实具体的控制措施和明确的技术要求，并提供产品说明书、水质检测报告、运行数据报告等。

Application Guide for Shanghai Green Building Design

设计文件

给水排水专业和景观专业的设计说明、施工图、计算书等。

1.2　给水排水系统的用水器具和设备应采用节水型产品，执行国家现行标准的能效强制性规定

设计要点	给水排水系统的器材、设备应采用高水效等级、高能效等级的节水型产品。 1. 用水器具和设备的水效等级不得低于 2 级。 2. 给水排水系统的器材、设备的能效等级不得低于 2 级。

相关标准

国家标准

名称	条文
《绿色建筑评价标准》 GB/T 50378-2014	6.1.3 应采用节水器具。
《绿色博览建筑评价标准》 GB/T 51148-2016	6.1.3 应采用节水器具。
《绿色饭店建筑评价标准》 GB/T 51165-2016	6.1.3 应采用节水器具。
《绿色医院建筑评价标准》 GB/T 51153-2015	6.1.3 绿色医院建筑应采用节水器具。

名称	条文
《绿色商店建筑评价标准》 GB/T 51100-2015	6.1.3 应采用节水器具。
《建筑给水排水设计规范》 GB 50015-2003（2009 年版）	3.1.14A 卫生器具和配件应符合国家现行标准《节水型生活用水器具》CJ 164 的有关要求。
《民用建筑节水设计标准》 GB 50555-2010	6.1.1 建筑给水排水系统中采用的卫生器具、水嘴、淋浴器等应根据使用对象、设置场所、建筑标准等因素确定，且均应符合现行行业标准《节水型生活用水器具》CJ 164 的规定。

地方标准

名称	条文
《公共建筑绿色设计标准》 DGJ 08-2143-20**	8.1.2 给水排水系统的用水器具和设备应采用节水型产品，执行国家现行标准的能效强制性规定。
《住宅建筑绿色设计标准》 DGJ 08-2139-20**	8.1.3 卫生器具和配件符合国家现行有关标准的节水型生活用水器具的规定。 8.2.4 给水泵的流量及扬程应通过计算确定，并应保证设计工况下水泵效率处在高效区。给水泵的效率不应低于国家现行标准《清水离心泵能效限定值及节能评价值》GB 19762 规定的泵节能评价值。

技术细则

名称	条文
《绿色数据中心评价技术细则》 住建部 2015 年 12 月版	6.1.3 应采用节水器具。
《绿色超高层建筑评价技术细则》 （修订版征求意见稿） 住建部 2016 年 5 月	6.1.3 应采用节水器具。
《绿色养老建筑评价技术细则》 （征求意见稿） 住建部 2016 年 8 月	6.1.3 应合理采用节水器具。

实施途径　　1. 国家发展改革委、水利部、住建部 2017 年 1 月发布《节水型社会建设"十三五"规划》，国家发展改革委、水利部、国家质量监督总局 2017 年 9 月发布《水效标识管理办法》，明确建立用水产品水效标识制度，实施水效领跑者行动，推进同类可比范围内用水效率最高的用水产品的使用。用水器具和设备的水效等级不得低于 2 级。

除特殊功能需求外，均应采用节水型产品。对于土建工程与装修工程一体化设计项目，在施工图中应对节水型产品的选用提出明确要求；对于非一体化设计项目，应提供确保业主采用节水型产品的措施、方案或约定。

2. 给水排水系统的器材、设备应执行国家现行标准的能效强制性规定,能效等级不得低于 2 级。

3. 水泵应符合国家现行标准《清水离心泵能效定值及节能评价值》GB 19762-2007 的要求,并根据管网水力计算选择水泵扬程,水泵应工作在高效区。

（1）水泵节能评价值是指在标准规定测试条件下，满足节能认证要求应达到的泵规定点的最低效率。水泵节能评价值计算与水泵的流量、扬程、比转数有关，需按照国家现行标准《清水离心泵能效限定值及节能评价值》GB 19762-2007 的规定进行计算、查表确定。当流量、扬程、转数相同时，可以参照下列节能评价值大于 50% 的部分常用水泵的数据。

IS 型单级单吸给水泵节能评价值　　表 4-1

流量 （m³/h）	扬程 （m）	转数 （r/min）	节能评价值 （%）	流量 （m³/h）	扬程 （m）	转数 （r/min）	节能评价值 （%）
12.5	20	2900	62		24	2900	78
	32	2900	56		36	2900	76
15	21.8	2900	63	60	54	2900	73
	35	2900	57		87	2900	67
	53	2900	51		133	2900	60
25	20	2900	71		20	2900	80
	32	2900	67		32	2900	80
	50	2900	61	100	50	2900	78
	80	2900	55		80	2900	74
30	22.5	2900	72		125	2900	68
	36	2900	68		57.5	2900	79
	53	2900	63	120	87	2900	75
	84	2900	57		132.5	2900	70
	128	2900	52		50	2900	82
50	20	2900	77	200	80	2900	81
	32	2900	75		125	2900	76
	50	2900	71		44.5	2900	83
	80	2900	65	240	72	2900	82
	125	2900	59		120	2900	79

Application Guide for Shanghai Green Building Design

TSWA 型多级单吸离心给水泵节能评价值　　　　表 4-2

流量（m³/h）	单级扬程（m）	转数（r/min）	节能评价值（%）	流量（m³/h）	单级扬程（m）	转数（r/min）	节能评价值（%）
15	9	1450	56	72	21.6	1450	66
18	9	1450	58	90	21.6	1450	69
22	9	1450	60	108	21.6	1450	70
30	11.5	1450	62	119	30	1480	68
36	11.5	1450	64	115	30	1480	72
42	11.5	1450	65	191	30	1480	74
62	15.6	1450	67				
69	15.6	1450	68				
80	15.6	1450	70				

DL 多级离心给水泵节能评价值　　　　表 4-3

流量（m³/h）	单级扬程（m）	转数（r/min）	节能评价值（%）
9	12	1450	43
12.6	12	1450	49
15	12	1450	52
18	12	1450	54
30	12	1450	61
35	12	1450	63
32.4	12	1450	62
50.4	12	1450	67
65.16	12	1450	69
72	12	1450	70
100	12	1450	71
126	12	1450	71

（2）同样的流量、扬程情况下，2900r/min 的水泵比 1450r/min 的水泵效率要高，建议除对噪声有要求的场合，宜选用转速 2900r/min 的水泵。

（3）水泵的泵节能评价值应由给水泵供应商提供，并不能小于国家标准《清水离心泵能效限定值及节能评价值》GB 19762-2007 的限定值。

设计文件

1. 方案设计阶段：给水排水专业的设计说明（含水效等级、能效等级）等。

2. 初步（总体）设计阶段：给水排水专业的设计说明、材料表（含水效等级、能效等级、依据的强制性国家标准编号）等。

3. 施工图设计阶段：给水排水专业的设计说明、施工图、材料表、计算书（含水效等级、能效等级、依据的强制性国家标准编号）等。

4. 设备招标阶段：技术规格书（含水效等级、能效等级、依据的强制性国家标准编号），采购合同中必须明确要求提供节水器具质量证明文件和性能检测报告等。

1.3 新建有集中热水系统设计要求的建筑，应根据相关规定设计太阳能等可再生能源热水系统

设计要点 新建有集中热水系统设计要求的建筑应根据相关规定设计太阳能等可再生能源热水系统，是上海市推进建筑节能和绿色建筑发展的要求。

1. 太阳能热水系统应符合上海市现行标准《太阳能热水系统应用技术规程》DG / TJ 08-2004A-2014 的相关规定。

2. 太阳能热水系统设计时，设计日用水量采用生活热水平均日节水用水定额，应不大于国家现行标准《民用建筑节水设计标准》GB 50555-2010 中表 3.1.7 规定的下限值。

3. 由可再生能源提供的生活用热水比例 R 与太阳能保证率 f 是两个不同的概念。

相关标准

国家标准

名称	条文
《绿色建筑评价标准》 GB/T 50378-2014	5.2.16 根据当地气候和自然资源条件，合理利用可再生能源，评价总分值为 10 分，按表 5.2.16 的规则评分（略）。 注：依据赋分方式，由可再生能源提供的生活用热水比例 R 不低于 20%，得 4 分；每提高 10%，加 1 分；最高得 10 分。
《绿色博览建筑评价标准》 GB/T 51148-2016	5.2.18 根据当地气候和自然资源条件，合理利用可再生能源，评价总分值最高为 10 分，按下列规则分别评分： 1 由可再生能源提供的生活用热水比例不低于 20%，得 2 分；每提高 20% 加 1 分；最高得 5 分。
《绿色饭店建筑评价标准》 GB/T 51165-2016	5.2.18 根据当地气候和自然资源条件，合理利用可再生能源，评价总分值为 10 分，按下列规则分别评分并累计： 1 由可再生能源提供的生活用热水比例不低于 5%，得 3 分；每提高 5% 加 1 分；最高得 10 分。

名称	条文
《绿色医院建筑评价标准》 GB/T 51153-2015	5.2.7 根据当地气候和条件，合理利用可再生能源及空气源热泵。本条评价总分值为 10 分，并应按表 5.2.7 的规则评分（略）。 注：依据赋分方式，设计日可再生能源利用相当于占生活热水耗水量的 10% 以上，或者在不能利用锅炉或市政热力提供生活热水时，采用空气源热泵制热量占生活热水耗热量的 50% 以上，得 8 分。
《绿色商店建筑评价标准》 GB/T 51100-2015	5.2.21 根据当地气候和自然资源条件，合理利用可再生能源，评价总分值为 9 分，按表 5.2.21 的规则评分（略）。 注：依据赋分方式，由可再生能源提供的生活用热水比例 R 不低于 20%，得 2 分；每提高 10%，加 1 分；最高得 9 分。

地方标准

名称	条文
《公共建筑绿色设计标准》 DGJ 08-2143-20**	8.1.3 新建有集中热水系统设计要求的建筑，应根据相关规定设计太阳能等可再生能源热水系统。
《住宅建筑绿色设计标准》 DGJ 08-2139-20**	8.3.1 住宅建筑生活热水宜采用太阳能等可再生能源，并应符合相关管理规定。 8.3.2 太阳能热水系统设计应符合上海市工程建设标准《太阳能热水系统应用技术规程》DG/TJ 08-2004A 有关规定，住宅平均日热水定额宜采用 40L/（人·d）。冷水的初始温度应采用 15℃。

技术细则

名称	条文
《绿色超高层建筑评价技术细则》 （修订版征求意见稿） 住建部 2016 年 5 月	5.2.16 根据当地气候和自然资源条件，合理利用可再生能源。评价总分值为 6 分，按表 5.2.16 的规则评分（略）。 注：依据赋分方式，由可再生能源提供的生活用热水比例 R 不低于 5%，得 2 分；每提高 5%，加 2 分；最高得 6 分。
《绿色养老建筑评价技术细则》 （征求意见稿） 住建部 2016 年 8 月	5.2.16 根据当地气候和自然资源条件，合理利用可再生能源，评价总分值为 10 分，按下表规则评分（略）。 注：依据赋分方式，由可再生能源提供的生活用热水比例 R 不低于 20%，得 4 分；每提高 10%，加 1 分；最高得 10 分。

实施途径　　1. 新建有集中热水系统设计要求的建筑应根据相关规定设计太阳能等可再生能源热水系统，是上海市推进建筑节能和绿色建筑发展的要求。

（1）旅馆、医院住院部、养老院、学校宿舍、公共浴室、全日制或寄宿制的托儿所及幼儿园等常年存在热水需求且用水时段固定，当设有集中热水供应系统时，应采用太阳能等可再生能源作为热水供应的热源。

（2）特大型饭店、大型饭店，以及供餐人数 500 人以上的机关、企事业单位、学校的食堂等，当最高日生活热水量（按 60℃计）不小于 5m³ 且经技术经济比较选用集中热水供应系统时，应采用太阳能等可再生能源作为热水供应的热源。

根据上海市食品药品监督管理局制定的《上海市餐饮服务许可管理办法》，饭店指以饭菜为主要经营项目的单位，包括火锅店、烧烤店等。特大型饭店指经营场所使用面积大于 3000m²，或者就餐座位数大于 1000 座的餐馆；大型饭店指经营场所使用面积大于 500m² 但不大于 3000m²，或者就餐座位数大于 250 座但不大于 1000 座的餐馆；中型饭店指经营场所使用面积大于 150m² 但不大于 500m²，或者就餐座位数大于 75 座但不大于 250 座的餐馆；小型饭店指经营场所使用面积不大于 150m²，或者就餐座位数不大于 75 座的餐馆。经营场所指与食品加工经营直接或者间接相关的场所。如面积（均为实际室内使用面积）与就餐座位数分属两类的，饭店类别以其中规模较大者计。

（3）无集中沐浴设施的办公楼、商场等的分散用水点，设计小时耗热量 ≤ 293100kJ / h 或最高日生活热水量（按 60℃计）小于 5m³ 的就地加热的用热水场所（如单个厨房、浴室、生活间等），车站、机场、商场等附设的快餐店、小吃店、饮品店、甜品站和使用面积小于 500m² 的小型饭店、中型饭店等，热水需求量少且不稳定、用水时段短且不固定，一般不宜设置集中热水供应系统，宜采用就地安装小型快速式或容积式电、燃气热水器供应热水。这类项目若采用太阳能等可再生能源热水系统，往往一次性投资较多、管道循环热损失较大，运行费用较高，管理与收费困难。

根据上海市食品药品监督管理局制定的《上海市餐饮服务许可管理办法》：快餐店指以集中加工配送、当场分餐食用并快速提供就餐服务为主要加工供应形式的单位；小吃店指以点心、小吃为主要经营项目的单位；饮品店指以供应酒类、咖啡、茶水或者饮料为主的单位；甜品站指餐饮服务提供者在其餐饮主店经营场所内或附近开设，具有固定经营场所，直接销售或经简单加工制作后销售由餐饮主店配送的以冰激凌、饮料、甜品为主的食品的附属店面。

（4）剧院演职员、体育场运动员等需视项目实际情况，若有稳定的热水需求，而且设集中热水供应系统较为节能节水、安全可靠时，应采用太阳能等可再生能源作为热水供应的热源。

（5）上海市节能办公室在 2010 年 9 月 17 日颁布了《上海市建筑节能条例》第十一条规定：六层以下住宅，建设单位应当统一设计并安装符合相关标准的太阳能热水系统。设计人员应遵照《上海市建筑节能条例》等的规定，在设计生活热水系统时采用太阳能等可再生能源。六层及六层以下的住宅建筑生活热水应采用太阳能等可再生能源，七层以上的住宅建筑生活热水宜采用太阳能等可再生能源，并应符合相关管理规定。

2. 太阳能热水系统应符合上海市现行标准《太阳能热水系统应用技术规程》DG / TJ 08-2004A-2014 的相关规定。

太阳能热水系统的选型应与建筑物类型、使用特点相匹配，并进行太阳能热水系统与建筑一体化应用专项设计。根据项目情况，可采用集中集热—集中供热、集中集热—分散供热、分散集热—分散供热等不同形式。

太阳能集热器安装面积应当满足太阳能热水的需求，适用、经济、安全。单块集热器（板）尺寸一般为 $2m \times 1m$，安装面积宜为 $2m^2$ 的整数倍。

辅助热源一般采用电或燃气。

太阳能热水系统设计时，设计日用水量采用生活热水平均日节水用水定额，应不大于国家现行标准《民用建筑节水设计标准》GB 50555-2010 中表 3.1.7 规定的下限值。特大型饭店、大型饭店、中型饭店的热水平均日节水用水定额可取每位顾客每次不大于 8 ~ 12L。

3. 由可再生能源提供的生活用热水比例 R 与太阳能保证率 f 是两个不同的概念。

由可再生能源提供的生活用热水比例 R= 可再生能源全年供热量（不含辅助加热装置供热量）/ 生活热水全年耗热量。

太阳能保证率 f= 太阳能热水系统中全年由太阳能提供的热量（不含辅助加热装置供热量）/ 太阳能系统全年总负荷，是衡量太阳能热水系统经济收益、节能效益的综合性指标。太阳能热水系统全年太阳能保证率 f 不应低于 45%。

无论可再生能源是供应生活热水，还是作为生活热水预热，计算由可再生能源提供的生活用热水比例 R、太阳能保证率 f 时，均以全年为计算周期，以热量为计算对象。

由可再生能源提供的生活用热水比例 R 与太阳能保证率 f 对照表　　　　表 4–4

由可再生能源提供的生活用热水比例 R	太阳能保证率 f
指太阳能、地热能等可再生能源系统	仅指太阳能热水系统
可再生能源全年供热量不含辅助加热装置供热量	太阳能全年供热量不含辅助加热装置供热量
以全年为计算周期	以全年为计算周期
整体性指标 针对绿色建筑评价对象（单体建筑或建筑群）的指标	系统性指标 针对采用太阳能的热水系统（建筑整体或部分区域）的指标
衡量可再生能源替代量的指标	衡量太阳能热水系统经济收益、节能效益的综合性指标

例如，某酒店项目，分成高区、中区、低区三个独立热水供应系统，三个区的生活热水全年耗热量分别为 3MJ、3MJ 和 4MJ。其中，仅有低区采用太阳能热水系统，全年由太阳能提供的热量为 2MJ。

则该酒店项目由可再生能源提供的生活用热水比例 R_1=2MJ/（3MJ+3MJ+4MJ）× 100%=20%；

太阳能热水系统全年太阳能保证率 f_1=2MJ/4MJ × 100%=50%。再如，某大型饭店项目，热水供应系统仅设一个区，采用太阳能热水系统，生活热水全年耗热量为 4MJ，全年由太阳能提供的热量为 2MJ。

则该大型饭店项目由可再生能源提供的生活用热水比例 R_2=2MJ/4MJ × 100%=50%；

太阳能热水系统全年太阳能保证率 f_2=2MJ/4MJ × 100%=50%。

4.《中华人民共和国可再生能源法》明确"本法所称可再生能源,是指风能、太阳能、水能、生物质能、地热能、海洋能等非化石能源",不包括空气能。

5. 项目所在地电力充足且电力政策支持,辅助加热装置执行分时电价、峰谷电价,经技术经济比较,采用电直接加热设备的,必须获得电力主管部门的批准。

6. 经技术经济比较,利用可再生能源供应生活热水或作为生活热水预热时,由太阳能、地热能等可再生能源系统提供的生活用热水比例 R 不小于 20%,是国家现行标准《绿色建筑评价标准》GB/T 50378-2014 的得分要求。每提高 10%,可获得该项指标更高分。若提高至 100% 时,可获得该项指标最高分。

设计文件

1. 方案设计阶段:给水排水专业的设计说明(含系统选择、集热器面积、由可再生能源提供的生活用热水比例 R、太阳能保证率 f、辅助加热装置)等。

2. 初步(总体)设计阶段:给水排水专业的设计说明、初步(总体)设计图、材料表(含系统选择、集热器面积、贮热水箱、供热水箱、循环泵、由可再生能源提供的生活用热水比例 R、太阳能保证率 f、辅助加热装置、控制系统及安全保护)等。

3. 施工图设计阶段:给水排水专业的设计说明、施工图、材料表、计算书(含系统选择、集热器面积、贮热水箱、供热水箱、循环泵、由可再生能源提供的生活用热水比例 R、太阳能保证率 f、辅助加热装置、系统计量、控制系统及安全保护、系统保温、建筑构件一体化设计)等。

4. 设备招标阶段:技术规格书(含系统选择、集热器面积、贮热水箱、供热水箱、循环泵、由可再生能源提供的生活用热水比例 R、太阳能保证率 f、辅助加热装置、系统计量、控制系统及安全保护、系统保温、建筑构件一体化设计、分项工程验收及性能检测等),采购合同中必须明确要求提供太阳能热水系统质量证明文件和性能检测报告等。

1.4 旅馆、医院住院部、养老院、学校宿舍等有居住功能的建筑应采用降低排水或雨水噪声的有效措施

设计要点 旅馆及酒店的客房、医院住院部的病房、疗养院及养老院的客房楼、学校宿舍等以居住为目的的公共建筑应采用降低排水或雨水噪声的有效措施。

1. 排水管、雨水管采用降噪管的应符合国家现行标准《民用建筑隔声设计规范》GB 50118-2010、现行行业标准《建筑排水管道系统噪声测试方法》CJ/T 312-2009 的相关规定。

2. 建筑同层排水系统的设计、施工、验收及维护管理,应符合现行行业标准《建筑同层排水工程技术规程》CJJ 232-2016 等国家、行业和本市现行有关标准的相关规定。同层排水的卫生器具及配件、排水管材及管件等应根据系统形式选择并配套使用,同层排水部位的墙体、地面材料等应满足相应系统形式的要求。

相关标准

国家标准

名称	条文
《绿色建筑评价标准》 GB/T 50378-2014	8.2.3 采取减少噪声干扰的措施。评价总分值为 4 分，并按下列规则分别评分并累计： 2 采用同层排水或其他降低排水噪声的有效措施，使用率不小于 50%，得 2 分。
《绿色博览建筑评价标准》 GB/T 51148-2016	8.2.3 建筑平面布局和空间功能安排合理，减少排水噪声，减少相邻空间的噪声干扰以及外界噪声对室内的影响，评价分值为 4 分。
《绿色饭店建筑评价标准》 GB/T 51165-2016	8.2.3 隔声减噪设计合理，减少噪声干扰的措施有效，评价总分值为 5 分，按下列规则分别评分并累计： 3 客房卫生间采用降低排水噪声的措施，得 1 分。
《绿色医院建筑评价标准》 GB/T 51153-2015	8.2.1 主要功能房间的室内噪声级符合现行国家标准《民用建筑隔声设计规范》GB 50118-2010 中的高要求标准。本条评价总分值为 10 分。

地方标准

名称	条文
《公共建筑绿色设计标准》 DGJ 08-2143-20**	8.1.4 旅馆、医院住院部、养老院、学校宿舍等有居住功能的建筑应采用降低排水或雨水噪声的有效措施。
《住宅建筑绿色设计标准》 DGJ 08-2139-20**	8.5.3 卫生器具采用同层排水时应符合下列要求： 1 地漏的构造和性能应符合现行行业标准《地漏》CJ/T 186 的要求，水封深度不应小于 50mm，且应设在地面的最低处； 2 器具排水横支管布置和设置标高不得造成排水滞留、地漏冒溢； 3 埋设于填层中的管道不应采用橡胶圈密封接口。

团体标准

名称	条文
《健康建筑评价标准》 中国建筑学会 TASC 02-2016	5.2.8 卫生间采用同层排水的方式，评价总分值为 8 分，并按下列规则评分： 1 采用降板方式实现同层排水，得 5 分； 2 采用墙排方式实现同层排水，得 8 分。

技术细则

名称	条文
《绿色超高层建筑评价技术细则》 （修订版征求意见稿） 住建部 2016 年 5 月	8.2.4 采取减少噪声干扰的措施。评价总分值为 4 分，并按下列规则分别评分并累计： 1 建筑平面、空间布局合理，减少相邻空间的噪声干扰以及外界噪声对室内的影响，没有明显的噪声干扰，得 2 分； 2 采取合理措施控制设备的噪声和振动，降低噪声，得 2 分。

名称	条文
《绿色养老建筑评价技术细则》（征求意见稿）住建部 2016 年 8 月	8.1.1 主要功能房间室内噪声级应满足现行国家标准《民用建筑隔声设计规范》GB 50118-2010 中的低限要求。 8.1.2 主要功能房间的外墙、隔墙、楼板和门窗的隔声性能应满足现行国家标准《民用建筑隔声设计规范》GB50118-2010 的低限要求。

实施途径　1. 排水管、雨水管采用降噪管的应符合国家现行标准《民用建筑隔声设计规范》GB 50118-2010、现行行业标准《建筑排水管道系统噪声测试方法》CJ／T 312-2009 的相关规定。

2. 同层排水指排水横支管布置在同层或室外，器具排水管不穿楼层进入他户的排水方式。排水横支管宜在地面上明设或沿建筑物外墙敷设。受条件限制时，需综合考虑卫生间空间、卫生器具布置、室外环境气温等因素，经技术经济比较，排水横支管也可在楼板填层中埋设，但应严格楼面防水处理，便于安装和检修。

（1）建筑同层排水系统的设计、施工、验收及维护管理，应符合现行行业标准《建筑同层排水工程技术规程》CJJ 232-2016 等国家、行业和本市现行有关标准的相关规定。同层排水的卫生器具及配件、排水管材及管件等应根据系统形式选择并配套使用，同层排水部位的墙体、地面材料等应满足相应系统形式的要求。

（2）地漏在同层排水中较难处理，为了排除地面积水，地漏应设置在易溅水的卫生器具附近，既要满足水封深度又要有良好的水力自清流速。

（3）为了使排水通畅，排水管管径、坡度、设计充满度均应符合《建筑给水排水设计规范》GB 50015-2003（2009 年版）的有关条文规定。

（4）埋设于填层中的管道接口应严密，不得渗漏且能经受时间考验，建议采用黏接或熔接的管道连接方式。

3. 旅馆、医院住院部、养老院、学校宿舍等有居住功能的建筑雨水管、排水管采用降噪管的数量不少于总数的 50%，或采用同层排水的卫生间比例（个数或面积）不小于总数的 50%，是国家现行标准《绿色建筑评价标准》GB/T 50378-2014 的得分要求。

设计文件

1. 方案设计阶段：给水排水专业的设计说明（含采用同层排水系统的场所及形式等）等。

2. 初步（总体）设计阶段：给水排水专业的设计说明、初步（总体）设计图、材料表（含采用同层排水系统的场所及形式，配套使用的卫生器具及配件，排水管材及管件，同层排水部位的墙体、地面材料做法，降板或建筑面层抬高区域做法）等。

3. 施工图设计阶段：给水排水专业的设计说明、施工图、材料表、计算书（含采用同层排水系统的场所及形式，配套使用的卫生器具及配件，排水管材及管件，同层排水部位的墙体、地面材料做法，降板或建筑面层抬高区域做法）等。

4. 设备招标阶段：技术规格书（含采用同层排水系统的场所及形式，配套使用的卫生器具及配件，排水管材及管件，同层排水部位的墙体、地面材料做法，降板或建筑面层抬高区域做法），采购合同中必须明确要求提供同层排水系统质量证明文件和性能检测报告等。

2 节水系统

2.1 建筑平均日生活给水、生活热水的用水标准，不应大于国家现行标准《民用建筑节水设计标准》GB 50555 中节水用水定额的上限值与下限值的算术平均值

设计要点	1. 建筑平均日生活给水、生活热水的用水标准，不应大于国家现行标准《民用建筑节水设计标准》GB 50555-2010 中节水用水定额的上限值与下限值的算术平均值。 2. 节水用水定额，指采用节水型生活用水器具后的平均日用水量。节水用水量，指采用节水用水定额计算的用水量。用水人数或单位数应以年平均值计算，每年用水天数应根据使用情况确定。

相关标准

国家标准

名称	条文
《绿色建筑评价标准》 GB/T 50378-2014	6.2.1 建筑平均日用水量满足现行国家标准《民用建筑节水设计标准》GB 50555 中的节水用水定额的要求。评价总分值为 10 分，达到节水用水定额的上限值的要求，得 4 分；达到上限值与下限值的平均值要求，得 7 分；达到下限值的要求，得 10 分。
《绿色博览建筑评价标准》 GB/T 51148-2016	6.2.1 建筑平均日用水量满足现行国家标准《民用建筑节水设计标准》GB 50555 中的节水用水定额的要求。评价总分值为 10 分，按下列规则评分： 1 建筑平均日用水量小于节水用水定额的上限值、不小于中间值要求，得 4 分； 2 建筑平均日用水量小于节水用水定额的中间值、不小于下限值要求，得 7 分； 3 建筑平均日用水量小于节水用水定额的下限值要求，得 10 分。
《绿色饭店建筑评价标准》 GB/T 51165-2016	6.2.1 建筑平均日用水量满足现行国家标准《民用建筑节水设计标准》GB 50555 中的节水用水定额的要求。评价总分值为 8 分，按下列规则评分： 1 建筑平均日用水量小于节水用水定额的上限值、不小于中间值要求，得 3 分； 2 建筑平均日用水量小于节水用水定额的中间值、不小于下限值要求，得 6 分； 3 建筑平均日用水量小于节水用水定额的下限值要求，得 8 分。
《绿色医院建筑评价标准》 GB/T 51153-2015	6.2.1 建筑平均日用水量符合现行国家标准《民用建筑节水设计标准》GB 50555 中的有关节水用水定额的要求。本条评价总分值为 10 分，并按表 6.2.1 的规则评分（略）。 注：依据赋分方式，达到节水用水定额的上限值的要求，得 4 分；达到上限值与下限值的平均值要求，得 7 分；达到下限值的要求，得 10 分。

名称	条文
《公共建筑绿色设计标准》 DGJ 08-2143-20**	8.2.1 建筑平均日生活给水、生活热水的用水标准，不应大于国家现行标准《民用建筑节水设计标准》GB 50555 中节水用水定额的上限值与下限值的算术平均值。
《住宅建筑绿色设计标准》 DGJ 08-2139-20**	8.2.1 住宅最高日给水定额宜采用 230L/（人·d），平均日给水定额宜采用 150L/（人·d）。

技术细则

名称	条文
《绿色超高层建筑评价技术细则》 （修订版征求意见稿） 住建部 2016 年 5 月	6.2.1 建筑平均日用水量满足现行国家标准《民用建筑节水设计标准》GB 50555 中的节水用水定额的要求。评价总分值为 10 分，达到节水用水定额的上限值的要求，得 4 分；达到上限值与下限值的平均值要求，得 7 分；达到下限值的要求，得 10 分。
《绿色养老建筑评价技术细则》 （征求意见稿） 住建部 2016 年 8 月	6.2.1 建筑平均日用水量满足现行国家标准《民用建筑节水设计标准》GB50555 中的节水用水定额要求。评价总分值为 12 分，达到节水用水定额的上限值的要求，得 5 分；达到上限值与下限值的平均值要求，得 8 分；达到下限值的要求，得 12 分。

实施途径　1. 按照国家《"十三五"水资源消耗总量和强度双控行动方案》和《上海市"十三五"水资源消耗总量和强度双控行动实施方案》的要求，控制水资源消耗总量和控制水资源消耗强度，严格用水定额和计划管理。

2. 住宅、宿舍、旅馆和其他公共建筑的平均日生活给水、生活热水的用水定额，不应大于国家现行标准《民用建筑节水设计标准》GB 50555-2010 中表 3.1.2、表 3.1.3、表 3.1.5 和表 3.1.7 规定的上限值与下限值的算术平均值。

3. 除特殊建筑类型和车辆用途外，停车库地面冲洗用水节水用水定额不应大于 0.5L /（m² 次）。冲洗次数应考虑建筑类型、车库地面性质、停车形式、运行管理方式等因素后综合确定，年用水次数可取 6 ~ 12 次。

上海市现行标准《机动车停车场（库）环境保护设计规程》DGJ 08-98-2014 中第 7.0.3 条规定"机动车停车库内不应设置机动车洗车设施"。

4. 国家现行标准《民用建筑节水设计标准》GB 50555-2010 中表 3.1.6 规定的"年均灌水定额"仅指特级、一级、二级养护草坪的浇灌用水定额，并未涉及乔木、灌木、三级草坪等的浇灌用水情况。因此，在年节水用水量、平均日用水量计算时，需先仔细甄别出乔木、灌木、三级和四级草坪等所占的面积，从绿地面积中剔除这部分内容后再进行绿地浇灌用水量计算。

5. 建筑平均日用水标准不大于国家现行标准《民用建筑节水设计标准》GB 50555-2010 中节水用水定额上限值与下限值的算术平均值，可获得国家现行标准《绿色建筑评价标准》GB / T 50378-2014 该项指标高分。若不大于下限值，可获得该项指标最高分。

设计文件

1. 方案设计阶段：给水排水专业的设计说明（含生活给水、生活热水的用水标准、年节水用水量、平均日用水量，道路浇洒）等。

2. 初步（总体）设计阶段：给水排水专业的设计说明、计算书（含生活给水、生活热水的用水标准、用水人数或单位数、每年用水天数、年节水用水量、平均日用水量）等。

3. 施工图设计阶段：给水排水专业的设计说明、计算书（含生活给水、生活热水的用水标准、用水人数或单位数、每年用水天数、年节水用水量、平均日用水量）等。

2.2 供水系统应避免超压出流，用水点供水压力不应大于 0.20MPa，且不小于用水器具要求的最低工作压力

设计要点	1. 用水点供水压力不应大于 0.20MPa，指的是用水点动压不大于 0.20MPa。采用减压阀可以减静压和动压，减压孔板只能减动压。 2. 因建筑功能需要，选用特殊水压要求的用水器具，用水点供水压力应不小于用水器具最低工作压力，且在设计说明中须注明为用水效率高产品。

相关标准

国家标准

名称	条文
《绿色建筑评价标准》 GB/T 50378-2014	6.2.3 给水系统无超压出流现象，评价总分值为 8 分。用水点供水压力不大于 0.30MPa，得 3 分；不大于 0.20MPa，且不小于用水器具要求的最低工作压力，得 8 分。
《绿色博览建筑评价标准》 GB/T 51148-2016	6.2.3 给水系统无超压出流现象，评价总分值为 8 分，按下列规则评分： 1 用水点供水压力不大于 0.30MPa 但大于 0.20MPa，得 3 分； 2 用水点供水压力不大于 0.20MPa，且不小于用水器具要求的最低工作压力，得 8 分。
《绿色饭店建筑评价标准》 GB/T 51165-2016	6.2.3 给水系统无超压出流现象，评价分值为 8 分，按下列规则评分： 1 用水点供水压力不大于 0.30MPa 但大于 0.20MPa，得 3 分； 2 用水点供水压力不大于 0.20MPa，且不小于用水器具要求的最低工作压力，得 8 分。
《绿色医院建筑评价标准》 GB/T 51153-2015	6.2.3 给水系统无超压出流现象。本条评价总分值为 8 分，并应按表 6.2.3 的规则评分（略）。 注：依据赋分方式，卫生器具用水点供水压力均不大于 0.30MPa，得 3 分；卫生器具用水点供水压力均不大于 0.20MPa，且不小于用水器具要求的最低压力，得 8 分。

名称	条文
《绿色商店建筑评价标准》GB/T 51100-2015	6.2.2 给水系统无超压出流现象，评价分值为 12 分。
《民用建筑节水设计标准》GB 50555-2010	4.1.3 市政管网供水压力不能满足供水要求的多层、高层建筑的给水、中水、热水系统应竖向分区，各分区最低卫生器具配水点处的静水压不宜大于 0.45MPa，且分区内最低层部分应设减压设施保证各用水点处供水压力不大于 0.20MPa。 4.2.1 设有市政或小区给水、中水供水管网的建筑，生活给水系统应充分利用城镇供水管网的水压直接供水。

地方标准

名称	条文
《公共建筑绿色设计标准》DGJ 08-2143-20**	8.2.2 供水系统应避免超压出流，用水点供水压力不应大于 0.20MPa，且不小于用水器具要求的最低工作压力。
《住宅建筑绿色设计标准》DGJ 08-2139-20**	8.2.3 住宅入户管供水压力不应大于 0.35MPa；生活给水系统各用水点处供水压力不应大于 0.20MPa，且不应小于用水器具的最低工作压力；压力过大时应设置减压阀等减压措施。

技术细则

名称	条文
《绿色数据中心评价技术细则》住建部 2015 年 12 月版	6.2.2 充分利用市政供水压力，给水系统无超压出流。按下列规则分别评分并累计： 1 充分利用市政供水压力，得 5 分； 2 用水点供水压力不大于 0.30MPa，得 2 分； 3 不大于 0.20MPa，且不小于用水器具要求的最低工作压力，得 5 分。 评价总分值：12 分。
《绿色超高层建筑评价技术细则》（修订版征求意见稿）住建部 2016 年 5 月	6.2.3 给水系统无超压出流现象，评价总分值为 8 分。用水点供水压力不大于 0.30MPa，得 3 分；不大于 0.20MPa，且不小于用水器具要求的最低工作压力，得 8 分。
《绿色养老建筑评价技术细则》（征求意见稿）住建部 2016 年 8 月	6.2.3 给水系统无超压出流现象，评价总分值为 10 分。用水点供水压力不大于 0.30MPa，得 6 分；不大于 0.20MPa，且不小于用水器具要求的最低工作压力，得 10 分。

实施途径	1. 在建筑进行绿色建筑设计时，应对供水系统进行优化设计，充分考虑建筑物用途、层数、使用要求、材料设备性能和运行维护管理，合理、安全、节能地进行竖向分区，采用简便易用、经济有效的减压限流措施，避免超压出流造成的水量浪费。

2. 国家现行标准《民用建筑节水设计标准》GB 50555-2010 中第 4.1.3 条规定"各分区最低卫生器具配水点处的静水压不宜大于 0.45MPa，且分区内低层部分应设减压设施保证各用水点处供水压力不大于 0.20MPa"；第 4.2.1 条规定"设有市政或小区给水、中水供水管网的建筑，生活给水系统应充分利用城镇供水管网的水压直接供水"。

3. 因建筑功能需要，选用特殊水压要求的用水器具，用水点供水压力应不小于用水器具最低工作压力，且在设计说明中须注明为用水效率高产品。

4. 用水点供水压力不大于 0.20MPa，且不小于用水器具要求的最低工作压力，是国家现行标准《绿色建筑评价标准》GB/T 50378-2014 的得分要求。

设计文件

1. 方案设计阶段：给水排水专业的设计说明（含生活给水、生活热水系统的竖向分区，各分区最低卫生器具配水点处的静水压，各用水点处供水压力，减压限流措施的场所及形式，城镇供水管网水压直接供水区域）等。

2. 初步（总体）设计阶段：给水排水专业的设计说明、初步（总体）设计图、计算书（含生活给水、生活热水系统的竖向分区，各分区最低卫生器具配水点处的静水压，各用水点处供水压力，减压限流措施的场所及形式，城镇供水管网水压直接供水区域）等。

3. 施工图设计阶段：给水排水专业的设计说明、施工图、计算书（含生活给水、生活热水系统的竖向分区，各分区最低卫生器具配水点处的静水压，各用水点处供水压力，减压限流措施的场所及形式，城镇供水管网水压直接供水区域）等。

4. 设备招标阶段：技术规格书（含减压限流措施的场所及形式、减压限流装置的工作压力和试验压力），采购合同中必须明确要求提供减压限流装置质量证明文件和性能检测报告等。

2.3　供水管网应采取避免管网漏损的有效措施

设计要点	管网漏失水量包括：阀门故障漏水量，室内卫生器具漏水量，水池、水箱溢流漏水量，设备漏水量和管网漏水量。

相关标准

国家标准

名称	条文
《绿色建筑评价标准》 GB/T 50378-2014	6.2.2 采取有效措施避免管网漏损。评价总分值为 7 分，并按下列规则分别评分并累计： 1 选用密闭性能好的阀门、设备，使用耐腐蚀、耐久性能好的管材、管件，得 1 分； 2 室外埋地管道采取有效措施避免管网漏损，得 1 分； 3 设计阶段根据水平衡测试的要求安装分级计量水表；运行阶段，提供用水量计量情况和管网漏损检测、整改的报告，得 5 分。
《绿色博览建筑评价标准》 GB/T 51148-2016	6.2.2 采取有效措施避免管网漏损，评价总分值为 10 分，按下列规则分别评分并累计： 1 选用密闭性能好的阀门、设备，使用耐腐蚀、耐久性能好的管材、管件，得 2 分； 2 室外埋地管道采取有效措施避免管网漏损，得 2 分； 3 设计阶段根据水平衡测试的要求安装分级计量水表；运行阶段，提供用水量计量情况和管网漏损检测、整改的报告，得 6 分。
《绿色饭店建筑评价标准》 GB/T 51165-2016	6.2.2 采取有效措施避免管网漏损，评价总分值为 6 分，按下列规则分别评分并累计： 1 选用密闭性能好的阀门、设备，使用耐腐蚀、耐久性能好的管材、管件，得 1 分； 2 室外埋地管道采取有效措施避免管网漏损，得 1 分； 3 设计阶段根据水平衡测试要求安装分级计量水表；运行阶段，提供用水量计量情况和管网漏损检测、整改的报告，得 4 分。
《绿色医院建筑评价标准》 GB/T 51153-2015	6.2.2 采取有效措施避免管网漏损。本条评价总分值为 7 分，并应按表 6.2.2 的规则评分（略）。 注：依据赋分方式，选用密闭性能好的阀门、设备，使用耐腐蚀、耐久性能好的管材、管件，得 1 分。室外埋地管道采取有效措施避免管网漏损，得 1 分。设计阶段，根据水平衡测试的要求安装分级计量水表，安装率达 100%；运行阶段，提供用水量计量情况和水平衡测试报告，并进行管网漏损检测、整改，得 5 分。
《绿色商店建筑评价标准》 GB/T 51100-2015	6.2.2 采取有效措施避免管网漏损，评价总分值为 11 分，按下列规则分别评分并累计： 1 选用密闭性能好的阀门、设备，使用耐腐蚀、耐久性能好的管材、管件，得 2 分； 2 室外埋地管道采取有效措施避免管网漏损，得 1 分； 3 设计阶段根据水平衡测试的要求安装分级计量水表；运行阶段，提供用水量计量情况和管网漏损检测、整改的报告，得 8 分。

地方标准

名称	条文
《公共建筑绿色设计标准》 DGJ 08-2143-20**	8.2.3 供水管网应采取避免管网漏损的有效措施。

名称	条文
《住宅建筑绿色设计标准》 DGJ 08-2139-20**	8.2.2 给水系统应选用优质管材、管配件及附件，采用可靠的连接方式，避免管网漏损，并应根据水平衡测试的要求安装分级计量水表。

团体标准

名称	条文
《健康建筑评价标准》 中国建筑学会 TASC 02-2016	5.1.4 应采取有效措施避免室内给水排水管道结露和漏损。 5.2.3 集中生活热水系统供水温度不低于55℃，同时采取抑菌、杀菌措施，评价总分值为8分，并按下列规则分别评分并累计： 1 设置干管循环系统，得1分；设置立管循环系统，得3分；设置支管循环系统或配水点出水温度不低于45℃的时间不大于10s，得4分； 5.2.4 给水管道使用铜管、不锈钢管，评价总分值为10分，并按下列规则分别评分并累计： 1 生活饮用水管道使用铜管、不锈钢管，得7分； 2 直饮水管道使用不锈钢管，得3分。

技术细则

名称	条文
《绿色数据中心评价技术细则》 住建部2015年12月版	6.2.1 采取有效措施避免管网漏损。按下列规则分别评分并累计： 1 选用密闭性能好的阀门、设备，使用耐腐蚀、耐久性好的管材、管件，得3分； 2 室外埋地管道采取有效措施避免管网漏损，得3分； 3 设计阶段根据水平衡测试的要求安装分级计量水表；运行阶段，提供用水计量情况和管网漏损检测、整改的报告，得6分。 评价总分值：12分。
《绿色超高层建筑评价技术细则》 （修订版征求意见稿） 住建部2016年5月	6.2.2 采取有效措施避免管网漏损，评价总分值为7分，并按下列规则分别评分并累计： 1 选用密闭性能好的阀门、设备，使用耐腐蚀、耐久性能好的管材、管件，得1分； 2 室外埋地管道采取有效措施避免管网漏损，得1分； 3 设计阶段根据水平衡测试的要求安装分级计量水表；运行阶段，提供用水量计量情况和管网漏损检测、整改的报告，得5分。
《绿色养老建筑评价技术细则》 （征求意见稿） 住建部2016年8月	6.2.2 采取有效措施避免管网漏损。评价总分值为8分，按下列规则分别评分并累计： 1 选用密闭性能好的阀门、设备，使用耐腐蚀、耐久性能好的管材、管件，得1分； 2 室外埋地管道采取有效措施避免管网漏损，得1分； 3 设计阶段根据水平衡测试的要求安装分级计量水表；运行阶段提供用水量计量情况和管网漏损检测、整改的报告，得6分。

实施途径　1. 管网漏失水量包括：阀门故障漏水量，室内卫生器具漏水量，水池、水箱溢流漏水量，设备漏水量和管网漏水量。为避免漏损，可采取以下措施：

（1）按照水平衡测试的要求安装分级计量水表。

（2）选用密闭性能好的阀门、设备，使用耐腐蚀、耐久性能好的管材、管件。阀门密闭性能应符合国家现行标准《阀门的检验与试验》GB／T 26480-2011 的规定。

（3）水池（箱）设置水位监视和溢流报警装置，进水阀门自动联动关闭。

（4）做好室外管道基础处理和覆土，控制管道埋深。

2. 选用密闭性能好的阀门、设备，使用耐腐蚀、耐久性能好的管材、管件，或室外埋地管道采取有效措施避免管网漏损，是国家现行标准《绿色建筑评价标准》GB／T 50378-2014 的得分要求。若根据水平衡测试的要求安装分级计量水表，可获得该项指标高分。若这三项措施中两项同时采用，可获得该项指标更高分。若这三项措施同时采用，可获得该项指标最高分。

Application Guide for Shanghai Green Building Design

设计文件

1. 方案设计阶段：给水排水专业的设计说明（含避免管网漏损的有效措施）等。

2. 初步（总体）设计阶段：给水排水专业的设计说明（含避免管网漏损的有效措施）等。

3. 施工图设计阶段：给水排水专业的设计说明（含避免管网漏损的有效措施）等。

2.4　热水系统应经技术经济比较，合理利用余热或废热

设计要点　热水系统利用余热或废热时，设计日用水量采用生活热水平均日节水用水定额。

相关标准

国家标准

名称	条文
《绿色建筑评价标准》 GB/T 50378-2014	5.2.15 合理利用余热废热解决建筑的蒸汽、供暖或生活热水需求，评价分值为 4 分。
《绿色博览建筑评价标准》 GB/T 51148-2016	5.2.17 合理利用余热废热解决建筑的蒸汽、供暖或生活热水需求，评价分值为 4 分。
《绿色饭店建筑评价标准》 GB/T 51165-2016	5.2.17 合理利用余热废热解决建筑的蒸汽、供暖或生活热水需求，评价分值为 4 分。

名称	条文
《绿色商店建筑评价标准》 GB/T 51100-2015	5.2.21 合理回收利用余热废热，评价分值为 4 分。

地方标准

名称	条文
《公共建筑绿色设计标准》 DGJ 08-2143-20**	8.2.4 热水系统应经技术经济比较，合理利用余热或废热。

技术细则

名称	条文
《绿色数据中心评价技术细则》 住建部 2015 年 12 月版	5.2.15 数据中心辅助区和周边区域有供暖或生活热水需求时，宜设计能量综合利用方案，回收主机房空调系统的排热作为热源，宜采用热泵机组回收排热。满足如下规则之一可即可得分： 1 参评数据中心的供暖全部由热回收提供； 2 采暖季总余热回收利用率达到 30% 以上。 评价总分值：6 分。
《绿色超高层建筑评价技术细则》 （修订版征求意见稿） 住建部 2016 年 5 月	5.2.15 选用余热或废热利用等方式提供建筑所需蒸汽或生活热水。评价总分值为 3 分。
《绿色养老建筑评价技术细则》 （征求意见稿） 住建部 2016 年 8 月	5.2.14 合理利用余热废热解决建筑的蒸汽、供暖或生活热水需求，评价分值为 3 分。

实施途径　1. 常年存在稳定需求的集中热水供应系统，若建筑有可利用的余热或废热，应经技术经济比较，合理利用余热或废热供应生活热水或作为生活热水预热，以提高生活热水系统的用能效率。余热一般指工业余热，废热主要为中央空调系统制冷机组排放的冷凝热、蒸汽凝结水热等。

2. 由余热或废热提供的生活用热水比例 = 余热或废热设计日供热量（不含辅助加热装置供热量）/ 生活热水设计日耗热量。

3. 由余热或废热提供的生活用热水比例不应小于设计日（即年平均日）生活热水用量的 60%，是国家现行标准《绿色建筑评价标准》GB/T 50378-2014 的得分要求。

上海市绿色建筑设计应用指南

Application Guide for Shanghai Green Building Design

设计文件

1. 方案设计阶段：给水排水专业的设计说明（含系统选择、由余热或废热提供的生活用热水比例、辅助加热装置）等。

2. 初步（总体）设计阶段：给水排水专业的设计说明、初步（总体）设计图、材料表（含系统选择、由余热或废热提供的生活用热水比例、辅助加热装置、控制系统及安全保护）等。

3. 施工图设计阶段：给水排水专业的设计说明、施工图、材料表、计算书（含系统选择、由余热或废热提供的生活用热水比例、辅助加热装置、系统计量、控制系统及安全保护、系统保温）等。

4. 设备招标阶段：技术规格书（含系统选择、由余热或废热提供的生活用热水比例、辅助加热装置、系统计量、控制系统及安全保护、系统保温、分项工程验收及性能检测等），采购合同中必须明确要求提供由余热或废热提供生活用热水系统的相关产品质量证明文件和性能检测报告等。

2.5 循环冷却水系统应合理采用节水技术

设计要点	1. 冷却塔应设置在空气流通条件好、不受污浊气体影响的场所。冷却塔安装区域受条件限制存在进、排风口遮挡情况时，宜进行冷却塔热湿环境模拟分析与优化，并采取改善冷却塔安装区域气流组织的有效措施，使冷却塔排风对热湿环境的影响降到最小。 2. 采用水处理措施改善冷却水系统水质，可以有效保护制冷机组和提高换热效率。 3. 应通过冷机选型与冷却水系统设计的优化，达到冷机侧与冷却侧的最佳综合能效，避免片面增大冷却水流量或提高计算湿球温度的做法。

相关标准

国家标准

名称	条文
《绿色建筑评价标准》 GB/T 50378-2014	6.2.8 空调设备或系统采用节水冷却技术。评价总分值为 10 分，并按下列规则评分： 1 循环冷却水系统设置水处理措施；采取加大集水盘、设置平衡管或平衡水箱的方式，避免冷却水泵停泵时冷却水溢出，得 6 分； 2 运行时，冷却塔的蒸发耗水量占冷却水补水量的比例不低于 80%，得 10 分； 3 采用无蒸发耗水量的冷却技术，得 10 分。
《绿色博览建筑评价标准》 GB/T 51148-2016	6.2.9 空调设备或系统采用节水冷却技术，评价总分值为 10 分，按下列规则评分： 1 循环冷却水系统设置水处理措施；采取加大集水盘、设置平衡管或平衡水箱的方式，避免冷却水泵停泵时冷却水溢出，得 6 分； 2 运行时，冷却塔的蒸发耗水量占冷却水补水量的比例不低于 80%，得 10 分； 3 采用无蒸发耗水量的冷却技术，得 10 分。

名称	条文
《绿色饭店建筑评价标准》 GB/T 51165-2016	6.2.9 空调设备或系统采用节水冷却技术，评价总分值为 10 分，按下列规则评分： 1 循环冷却水系统设置水处理措施；采取加大集水盘、设置平衡管或平衡水箱的方式，避免冷却水泵停泵时冷却水溢出，得 6 分； 2 运行时，冷却塔的蒸发耗水量占冷却水补水量的比例不低于 80%，得 10 分； 3 采用无蒸发耗水量的冷却技术，得 10 分。
《绿色医院建筑评价标准》 GB/T 51153-2015	6.2.7 集中空调的循环冷却水系统采用节水技术。本条评价总分值为 10 分，并应按表 6.2.7 的规则评分（略）。 注：依据赋分方式，开式循环冷却水系统设置水处理措施，采取加大集水盘、设置平衡管或平衡水箱的方式，避免冷却水泵停泵时冷却水溢出，得 6 分；采用无蒸发耗水量的冷却技术，得 10 分；运行时，冷却塔的蒸发耗水量占冷却水补水量的比例不低于 80%，得 10 分。
《绿色商店建筑评价标准》 GB/T 51100-2015	6.2.6 空调设备或系统采用节水冷却技术，评价总分值为 15 分，按下列规则评分： 1 循环冷却水系统设置水处理措施；采取加大集水盘、设置平衡管或平衡水箱的方式，避免冷却水泵停泵时冷却水溢出，得 9 分； 2 运行时，冷却塔的蒸发耗水量占冷却水补水量的比例不低于 80%，得 10 分； 3 采用无蒸发耗水量的冷却技术，得 15 分。
《民用建筑节水设计标准》 GB 50555-2010	4.3.1 冷却塔水循环系统设计应满足下列要求： 1 循环冷却水的水源应满足系统的水质和水量要求，宜优先使用雨水等非传统水源； 2 冷却水应循环使用； 3 多台冷却塔同时使用时宜设置集水盘连通管等水量平衡设施； 4 建筑空调系统等循环冷却水的水质稳定处理应结合水质情况，合理选择处理方法及设备，并应保证冷却水循环率不低于 98%； 5 旁流处理水量可根据去除悬浮物或溶解固体分别计算。当采用过滤处理去除悬浮物时，过滤水量宜为冷却水循环水量的 1%～5%； 6 冷区塔补充水管上应设阀门及计量等装置； 7 集水池、集水盘或补水池宜设溢流信号，并将信号送入机房。

地方标准

名称	条文
《公共建筑绿色设计标准》 DGJ 08-2143-20**	8.2.5 循环冷却水系统应合理采用节水技术。

上海市绿色建筑设计应用指南

Application Guide for Shanghai Green Building Design

技术细则

名称	条文
《绿色数据中心评价技术细则》 住建部 2015 年 12 月版	6.2.5 采用冷却塔节水措施、节水型冷却塔设备或节水冷却技术。并按下列规则评分： 1 循环冷却水系统设置水处理措施；加大集水盘、设置平衡管或平衡水箱的方式，避免冷却水泵停泵时冷却水的溢出，得 6 分； 2 运行时，冷却塔的蒸发耗水量占冷却水补水量的比例不低于 80%，得 12 分； 3 采用无蒸发耗水量的冷却技术，得 12 分。 评价总分值为 12 分。
《绿色超高层建筑评价技术细则》 （修订版征求意见稿） 住建部 2016 年 5 月	6.2.5 空调设备或系统采用节水冷却技术。评价总分值为 12 分，并按下列规则评分： 1 循环冷却水系统设置水处理措施；采取加大集水盘、设置平衡管或平衡水箱的方式，避免冷却水泵停泵时冷却水溢出，得 5 分； 2 运行时，冷却塔的蒸发耗水量占冷却水补水量的比例不低于 80%，得 12 分； 3 采用无蒸发耗水量的冷却技术，得 12 分。
《绿色养老建筑评价技术细则》 （征求意见稿） 住建部 2016 年 8 月	6.2.8 空调设备或系统采用节水型冷却技术，评价总分值为 10 分，并按下列规则评分： 1 循环冷却水系统设置水处理措施；采取加大集水盘、设置平衡管或平衡水箱的方式，避免冷却水泵停泵时冷却水溢出，得 6 分； 2 运行时，冷却塔的蒸发耗水量占冷却水补水量的比例不低于 80%，得 10 分； 3 采用无蒸发耗水量的冷却技术，得 10 分。

实施途径　1. 公共建筑集中空调系统的冷却水补水量占据建筑物用水量的 30% ～ 50%，减少冷却水系统不必要的耗水对整个建筑物的节水意义重大。

（1）冷却塔应设置在空气流通条件好、不受污浊气体影响的场所。设计应避免只片面考虑建筑外立面美观等原因，将冷却塔安装区域用建筑外装修过度遮挡；设计应避免将冷却塔设置在有热空气排放口或厨房油烟排放口的场所。

冷却塔安装区域受条件限制存在进、排风口遮挡情况时，宜进行冷却塔热湿环境模拟分析与优化，并采取改善冷却塔安装区域气流组织的有效措施，使冷却塔排风对进风口热湿环境的影响降到最小。

多台、多排冷却塔成组布置时，应综合分析各塔运行时相互干扰的情况，提出保证各塔均能高效、安全运行的控制策略。

（2）设计应避免片面增大冷却水流量或提高计算湿球温度的做法，应通过冷机选型与冷却水系统设计的优化，达到冷机侧与冷却侧的最佳综合能效，满足上海市现行标准《公共建筑节能设计标准》DGJ 08 – 107-2015 中有关综合制冷性能系数（SCOP）规定值的要求。

（3）开式循环冷却水系统受气候、环境的影响，冷却水水质比闭式系统差，改善冷却水系统水质可以保护制冷机组和提高换热效率。应采用物理和化学方法，设置水处理装置（例如冷凝器自动在线清洗、臭氧处理、化学加药等）改善水质，以保护制冷机组、提高换热效率，减少排污耗水量。

其中，采用冷凝器自动在线清洗装置，COP 可提高 5% ~ 15%。采用臭氧处理装置，新安装的系统，COP 值与出厂值之间偏差不超过 ±5%；未清洗的既有系统，COP 可提高 5% ~ 20%。

（4）为避免循环冷却水泵停泵时冷却水溢出，需分别校核集水盘的有效容积、冷却塔集水盘浮球阀至溢流口段的安全容积。

（5）冷却塔应选用符合国家现行标准《节水型产品通用技术条件》GB/T 18870-2016 要求的产品。机械通风塔，循环水量 >1000m³ / h，飘水率 ≤ 0.005%；循环水量 ≤ 1000m³ / h，飘水率 ≤ 0.01%。

（6）空调设备应尽量采用无蒸发耗水量的冷却技术，包括采用分体空调、多联机等。

2. 冷却塔宜采用变频风机或其他方式进行风量调节。

3. 循环冷却水系统设置水处理措施，且采取避免循环冷却水泵停泵时冷却水溢出的措施，是国家现行标准《绿色建筑评价标准》GB/T 50378-2014 的得分要求。采用无蒸发耗水量的冷却技术，可获得该项指标最高分。

设计文件

1. 方案设计阶段：给水排水专业的设计说明（含系统选择、冷却塔安装区域热湿环境优化、水质稳定处理方法及设备）等。

2. 初步（总体）设计阶段：给水排水专业的设计说明、初步（总体）设计图、材料表（含系统选择、冷却塔安装区域热湿环境优化、水质稳定处理方法及设备、集水盘连通管等水量平衡设施、控制系统及安全保护）等。

3. 施工图设计阶段：给水排水专业的设计说明、施工图、材料表、计算书（含系统选择、冷却塔安装区域热湿环境优化、水质稳定处理方法及设备、集水盘连通管等水量平衡设施、系统计量、控制系统及安全保护、系统保温）等。

4. 设备招标阶段：技术规格书（含系统选择、冷却塔安装区域热湿环境优化、水质稳定处理方法及设备、集水盘连通管等水量平衡设施、系统计量、控制系统及安全保护、系统保温、分项工程验收及性能检测等），采购合同中必须明确要求提供循环冷却水系统相关产品的证明文件和性能检测报告等。

2.6 绿化应采用喷灌、微灌等高效节水浇灌方式，并确定合理的浇灌制度

设计要点　1. 节水浇灌，是根据植物需水规律及项目所在地供水条件，有效利用天然降水和浇灌水，合理确定浇灌制度，适时、适量浇灌，减少浇灌水的无效损耗，提高浇灌水的利用率的植物浇灌方式。节水浇灌不只是节约浇灌用水量，更要充分利用天然降水。节水浇灌不是浇地，而是浇植物。节水浇灌的核心是使天然降水和浇灌水转化为土壤水，再由土壤水转化为生物水，并尽可能地减少水的无效损耗。

2. 浇灌制度，主要包括浇灌定额、浇灌时间、浇灌方式和排灌方式。

相关标准

国家标准

名称	条文
《绿色建筑评价标准》 GB/T 50378-2014	6.2.7 绿化灌溉采用节水灌溉方式，评价总分值为 10 分，并按下列规则评分： 1 采用节水灌溉系统，得 7 分；在此基础上设置土壤湿度感应器、雨天关闭装置等节水控制措施，再得 3 分； 2 种植无需永久灌溉植物，得 10 分。
《绿色博览建筑评价标准》 GB/T 51148-2016	6.2.8 绿化灌溉采用节水灌溉方式，评价总分值为 6 分，按下列规则评分： 1 采用节水灌溉系统，得 4 分； 2 在采用节水灌溉系统的基础上，设置土壤湿度感应器、雨天关闭装置等节水控制措施，或种植无需永久灌溉植物，得 6 分。
《绿色饭店建筑评价标准》 GB/T 51165-2016	6.2.8 绿化灌溉采用节水灌溉方式，评价总分值为 5 分，按下列规则评分： 1 采用节水灌溉系统，得 3 分； 2 在采用节水灌溉系统的基础上，设置土壤湿度感应器、雨天关闭装置等节水控制措施，或种植无需永久灌溉植物，得 5 分。
《绿色医院建筑评价标准》 GB/T 51153-2015	6.2.6 绿化灌溉采用节水灌溉方式。本条评价总分值为 10 分，并应按表 6.2.6 的规则评分（略）。 注：依据赋分方式，采用节水灌溉系统，得 3 分；采用节水灌溉系统的基础之上，设有土壤湿度感应器、雨天关闭装置等节水控制措施，或种植无需永久灌溉植物，得 5 分。
《绿色商店建筑评价标准》 GB/T 51100-2015	6.2.4 绿化灌溉采用节水灌溉方式，评价总分值为 10 分，并按下列规则评分： 1 采用节水灌溉系统，得 7 分；在此基础上，设置土壤湿度感应器、雨天关闭装置等节水控制措施，再得 3 分； 2 种植无需永久灌溉植物，得 10 分。

名称	条文
《民用建筑节水设计标准》 GB 50555-2010	4.4.2 绿化浇洒应采用喷灌、微灌等高效节水灌溉方式。应根据喷灌区域的浇洒管理形式、地形地貌、当地气象条件、水源条件、绿地面积大小、土壤渗透率、植物类型和水压等因素，选择不同类型的喷灌系统，并应符合下列要求： 1 绿地浇洒采用中水时，宜采用以微灌为主的浇洒方式； 2 人员活动频繁的绿地，宜采用以微喷灌为主的浇洒方式； 3 土壤易板结的绿地，不宜采用地下渗灌的浇洒方式； 4 乔、灌木和花卉宜采用以滴灌、微喷灌等为主的浇洒方式。 4.4.3 浇洒系统宜采用湿度传感器等自动控制其启停。 4.4.4 浇洒系统的支管上任意两个喷头处的压力差不应超过喷头设计工作压力的 20%。

地方标准

名称	条文
《公共建筑绿色设计标准》 DGJ 08-2143-20**	8.2.6 绿化应采用喷灌、微灌等高效节水浇灌方式，并确定合理的浇灌制度。
《住宅建筑绿色设计标准》 DGJ 08-2139-20**	8.2.5 浇洒绿化年用水定额可采用 $0.12 \sim 0.28\mathrm{m}^3/(\mathrm{m}^2 \cdot \mathrm{a})$，最高日绿化浇灌用水定额可采用 $1.0 \sim 2.0\mathrm{L}/(\mathrm{m}^2 \cdot \mathrm{d})$。 8.2.6 绿化浇洒应采用喷灌、微灌等高效节水灌溉方式，宜设置土壤湿度感应器、雨天关闭装置等节水控制措施，并应合理划分灌溉给水分区和确定浇灌设备。

技术细则

名称	条文
《绿色数据中心评价技术细则》 住建部 2015 年 12 月版	6.2.4 绿化灌溉采用喷灌、微喷灌和滴灌等高效节水灌溉方式。评分规则如下： 1 采用节水灌溉系统，得 9 分； 2 在采用节水灌溉系统的基础上，设置土壤湿度感应器、雨天关闭装置等节水控制措施；或种植无需永久灌溉植物，得 12 分。 评价总分值：12 分
《绿色超高层建筑评价技术细则》 （修订版征求意见稿） 住建部 2016 年 5 月	6.2.7 绿化灌溉采用节水灌溉方式，评价总分值为 5 分，并按下列规则评分： 1 采用节水灌溉系统，得 2 分；在此基础上设置土壤湿度感应器、雨天关闭装置等节水控制措施，再得 3 分； 2 种植无需永久灌溉植物，得 5 分。
《绿色养老建筑评价技术细则》 （征求意见稿） 住建部 2016 年 8 月	6.2.7 绿化灌溉采用节水灌溉方式，评价总分值为 10 分，并按下列规则评分： 1 采用节水灌溉系统，得 7 分；在此基础上设置土壤湿度感应器、雨天关闭装置等节水控制措施，再得 3 分； 2 种植无需永久灌溉植物，得 10 分。

实施途径　1. 植物需水规律

植物需水量受气象、土壤和植物本身条件等因素的影响。同种植物在不同生长阶段的需水量差异较大。一般而言，幼苗期、接近成熟期，日需水量较少；生长中期，日需水量较多；开花期，日需水量最多。

绿地包括乔木、灌木、花坛、花境和草坪等。

乔木仅在栽植的第一年需要根系局部浇灌养护。栽后应根据树木和气候情况进行浇水和喷雾，保持树身湿润，夏季每天早晚两次喷雾，保证覆盖全部叶面，常绿树应加强喷雾，喷雾时应覆盖根部。在日后生长中，除特殊情况外，一般依靠自然降雨即可满足自身的水分补充。

上海市主要绿化植物浇灌时间、浇灌方式和排灌要求

表 4-5

植物分类	项目	一级养护	二级养护	三级养护	备注
树林、树丛	浇灌时间	根据树木习性、生长发育阶段、生长状况，不同土质，适树、适地、适时、适量浇水 夏季浇水应在清晨和傍晚，冬季浇水宜在午间，冰冻天不应浇水			树林，指较大面积成片栽植（一般在30株以上），以乔木为主，适量配置灌木、地被或草坪的混交林或纯林 树丛，指由2~30株同类或不同种类的乔灌木组合而成，树冠彼此衔接，群落丰富，以植物造景为主体
	浇灌方式	宜自动喷灌和人工喷洒相结合 宜用非常规水、河水浇灌			
	排灌要求	有完整的排水系统，排水通畅，暴雨后2h内雨水必须排完；植株不得出现萎蔫现象	有完整的排水系统，排水通畅，暴雨后10h内雨水必须排完；植株基本无萎蔫现象	有完整的排水系统，排水通畅，暴雨后24h内雨水必须排完；植株无明显萎蔫现象	
孤植树	浇灌时间	根据树木习性、生长发育阶段、生长状况，不同土质，适树、适地、适时、适量浇水 夏季浇水应在清晨和傍晚，冬季浇水宜在午间，冰冻天不应浇水	—		孤植树，指树姿优美，独株成景的乔木或灌木
	浇灌方式	宜自动喷灌和人工喷洒相结合。 宜用非常规水、河水浇灌	—		

Application Guide for Shanghai Green Building Design

植物分类	项目	一级养护	二级养护	三级养护	备注
孤植树	排灌要求	排水通畅，无积水；植株无萎蔫现象	排水通畅，基本无积水；植株基本无萎蔫现象	—	孤植树，指树姿优美，独株成景的乔木或灌木
花坛、花境	浇灌时间	花坛，气温在25℃以上，宜每天浇水一次；冬季宜7～10d浇水一次；花境，气温在35℃以上，宜1～3d浇水一次；气温在25～35℃，宜4～7d浇水一次；一般天气宜8～11d浇水一次；冬季宜12～15d浇水一次。遇强冷空气或严重冰冻前应浇足水 沙质土壤应勤浇水，黏质土壤应视土壤情况合理浇水；多肉类花卉应少浇水，湿生类喜湿花卉应勤浇水；花卉生殖生长期应适量浇水，盛花期宜少浇水 夏季浇水应在清晨和傍晚，冬季浇水宜在午间		—	花坛，指以一、二年生花卉为主，或可有其他宿根木本花卉和温室花卉等，种植成规则或不规则的、群体的、平面图案精细的、具美观效果的布置形式；花境，指以宿根花卉为主，间有灌木、花卉、观赏草的带状或自然块状布置形式；大多位于树林、树丛、草坪、道路、建筑等边缘，以自然式种植为主，具有季相变化和立面效果
	浇灌方式	宜喷洒，水量不应过大	—		
	排灌要求	排水通畅，严禁积水；不得有萎蔫现象	排水通畅，无积水；基本无萎蔫现象，萎蔫率应小于1%	—	

草坪按有无浇灌分类，有无需浇灌的和需浇灌的。无需浇灌的，如佛甲草、银纹垂盆草、花叶垂盆草、反曲景天、蓝叶松塔景天等。

草坪按适应温度分类，有暖季型和冷季型。暖季型，适宜热带和亚热带气候条件下生长。冷季型，适宜温带和寒带气候条件下生长。

草坪主要分类、分级方法 表 4-6

分类、分级	名称	特点	
分类	按适应温度分类	暖季型	耐热不耐寒，最适生长温度为 26 ~ 32℃，较耐旱，适合南方种植 年浇灌用水量较冷季型少 本市推荐草种：矮生百慕大、天堂 328、运动百慕大、老鹰草、天堂 419、普通狗牙根、马尼拉草、中华结缕草、结缕草、假俭草、海滨雀稗、弯叶画眉草等
		冷季型	耐寒不耐热，最适生长温度为 15 ~ 24℃，不耐旱，适合北方种植 年浇灌用水量较暖季型多 本市推荐草种：高羊茅、匍匐剪股颖、多年生黑麦草等
	按草叶宽度分类	宽叶型	适应性较强，浇灌养护要求较低
		细叶型	适应性较弱，喜阳，浇灌养护要求较高
分级	按绿期、留茬等养护分级	特级	绿期 360d，留茬 25mm 以下，供观赏 浇灌养护要求高
		一级	绿期 340d 以上，留茬 40mm 以下，供观赏、休憩 浇灌养护要求一般
		二级	绿期 320d 以上，留茬 60mm 以下，供休憩、轻度践踏 浇灌养护要求较低
		三级	绿期 300d 以上，留茬 100mm 以下，供休憩、覆盖 浇灌养护要求低
		四级	绿期、留茬不限，供覆盖，无需浇灌养护

相比较而言，冷季型草坪的浇灌养护，要求较高、用水量较多；供休憩、覆盖、适合践踏的二级或三级草坪的浇灌养护，要求较低、用水量较少。

草坪是否浇灌、浇灌量、浇灌时间、浇灌次数，需依草种、建植、土壤、季节及浇灌目的灵活进行，并确定合理的浇灌制度：

（1）草坪浇灌原则是不干不浇，浇则浇透，浇水必须湿透根系层，确保坪床浸润约 10cm。

（2）播种建植的，草坪草发芽适宜温度，冷季型为 15 ~ 20℃，暖季型为 20 ~ 35℃。草皮铺植的，最佳铺植时间，冷季型为春季或秋季，暖季型为初夏，铺植后应及时浇水，水要浇透浇匀。草茎建植的，以春末夏初为初速生期。播种出苗期、草皮铺植或草茎建植的第一次浇水应大水浇透，以后需薄水勤灌，直至种子齐苗、草皮或草茎大量长出新根、新苗。

（3）草坪浇灌时间，盛夏高温季节应在清晨和傍晚，寒冷冬季宜在午间，冬季土壤结冰前宜浇透。

2. 植物配植

现行国家和地方标准中仅有绿地率与单位面积配植乔木株数的规定，尚无对草坪配植的具体要求。出于减少绿地浇灌用水量的考虑，建议绿地设计时可采取以下植物配植原则：

（1）鼓励多种植乔木、灌木，控制草坪种植面积；

（2）种植草坪应优先选用或混合选用二级、三级草坪；

（3）严格控制一级草坪种植面积，尽量少选用或不选用一级草坪；

（4）除特殊场所外，不选用特级草坪。

3. 浇灌定额

国家现行标准《民用建筑节水设计标准》GB 50555 中表 3.1.6 规定的"年均灌水定额"仅指特级、一级、二级养护草坪的浇灌用水定额，并未涉及乔木、灌木、三级草坪等的浇灌用水情况。因此，在景观环境施工图设计阶段计算时，不能简单地用"年均灌水定额"乘以"绿地面积"作为项目的绿地浇灌用水量，需先仔细甄别出乔木、灌木、三级和四级草坪等所占的面积，从绿地面积中剔除这部分内容后再进行绿地浇灌用水量计算。

例如，某项目用地面积 10000m²，绿地率 35%，绿地面积 3500m²。

如果，该项目的绿地配植以乔木、灌木为主要骨架，辅以三级和四级暖季型草坪混合搭配，绿地浇灌用水量可以不再计算。

如果，该项目的绿地配植以乔木、灌木为主要骨架，辅以二级和三级暖季型草坪混合搭配，二级草坪面积 2000m²，绿地浇灌用水量 = 0.12 × 2000 = 240m³ / a。

注：根据上海市绿化市容管理部门提供的资料，绿地养护浇灌概算定额：市区日单耗为 0.258 L /（m² • d），郊区日单耗为 0.206 L /（m² • d）。

4. 浇灌方式

（1）绿化应采用喷灌、微灌（微喷灌、滴灌、渗灌、低压管灌）等节水浇灌方式，并符合国家现行标准《节水灌溉工程技术标准》GB/T 50363-2018 的规定。

节水浇灌专项设计时，喷灌应根据单喷头全圆喷洒、单喷头扇形喷洒、单支管多喷头同时全圆喷洒、多支管多喷头同时全圆喷洒等不同运行方式，确定喷头选型和组合间距，校核设计喷灌强度和喷灌雾化指标，并在喷头有效控制面积图上布置管道系统、注明喷头间距和支管间距。

喷灌在设计风速条件下的喷洒水利用系数、设计喷灌强度、喷灌均匀系数和喷灌雾化指标，应符合国家现行标准《喷灌工程技术规范》GB/T 50085-2007 的规定，并不得产生地表径流。微灌的设计土壤湿润比、设计灌溉强度、微灌均匀系数，应符合国家现行标准《微灌工程技术规范》GB/T 50485-2009 的规定。

（2）通常，乔木、灌木是无需人工浇灌的，仅草坪有可能需要定期浇灌。草坪根系较浅、连片覆盖、面积较大，从控制运行及维护成本考虑，较宜采用土壤表面喷灌的全部灌水方式，不适合采用微灌根系的局部浇灌方式。微喷灌或垂直绿化、花卉等，宜微灌植物根系进行土壤局部灌水。

（3）受地下水位、土壤深度、草坪坡度、草坪形态、草坪面积、场地标高、场地排水等诸多因素的制约，仅靠配设点状布置的土壤湿度传感器不一定能够准确、均匀、完整地反映草坪土壤的实际湿润情况。

5. 采用节水浇灌的绿化面积比例大于90%，是国家现行标准《绿色建筑评价标准》GB/T 50378-2014 的得分要求。若在采用节水浇灌系统的基础上，设置土壤湿度感应器、雨天关闭装置等节水控制措施，或种植无需永久浇灌植物的绿化面积比例大于50%，可获得该项指标最高分。

设计文件

1. 方案设计阶段：给水排水专业和景观专业的设计说明（含浇灌定额、浇灌方式、土壤湿度感应器、雨天关闭装置）等。

2. 初步（总体）设计阶段：给水排水专业和景观专业的设计说明、初步（总体）设计图、材料表（含浇灌定额、浇灌方式、土壤湿度感应器、雨天关闭装置、节水浇灌的绿化面积）等。

3. 施工图设计阶段：给水排水专业和景观专业的设计说明、施工图、材料表、计算书（含浇灌定额、浇灌方式、土壤湿度感应器、雨天关闭装置、节水浇灌的绿化面积、苗木表、系统计量、控制系统、节水灌溉产品性能要求）等。

4. 设备招标阶段：技术规格书（含浇灌定额、浇灌方式、土壤湿度感应器、雨天关闭装置、节水浇灌的绿化面积、苗木表、系统计量、控制系统、节水灌溉产品性能要求、分项工程验收及性能检测等），采购合同中必须明确要求提供节水灌溉系统相关产品的证明文件和性能检测报告等。

2.7 给水系统应根据不同用途、不同使用单位、不同付费或管理单元，分别设置用水计量装置、统计用水量。有能耗监测要求的计量水表，应采用具有当前累积水流量采集功能并带计量数据输出和标准通信接口的数字水表。建筑水资源管理平台应对接市能耗在线监测系统

设计要点　　1. 有能耗监测要求的计量水表，应采用具有当前累积水流量采集功能并带计量数据输出和标准通信接口的数字水表。

2. 建筑水资源管理平台应对接市能耗在线监测系统。

3. 用水计量水表的装设位置应观察方便，不被冻结，不被任何液体及杂质所淹。

名称	条文
《绿色建筑评价标准》 GB/T 50378-2014	6.2.4 设置用水计量装置，评价总分值为 6 分，并按下列规则分别评分并累计： 1 按使用用途，对厨房、卫生间、空调系统、游泳池、绿化、景观等用水分别设置用水计量装置，统计用水量，得 2 分； 2 按付费或管理单元，分别设置用水计量装置，统计用水量，得 4 分。
《绿色博览建筑评价标准》 GB/T 51148-2016	6.2.4 设置用水计量装置，评价总分值为 9 分，按下列规则分别评分并累计： 1 按使用用途，对展位、卫生间、厨房、空调系统、绿化、景观等用水分别设置用水计量装置，统计用水量，得 3 分； 2 按付费或管理单元，分别设置用水计量装置，统计用水量，得 3 分； 3 采用远传水表，得 3 分。
《绿色饭店建筑评价标准》 GB/T 51165-2016	6.2.5 设置用水计量装置，评价总分值为 8 分，按下列规则评分： 1 按使用用途，对厨房、公共卫生间、洗衣房、桑拿房、绿化、空调系统、游泳池、景观等用水分别设置用水计量装置，统计用水量，得 4 分； 2 按使用用途和管理单元分别设置用水计量装置，统计用水量，得 8 分。
《绿色医院建筑评价标准》 GB/T 51153-2015	6.2.4 按用途和管理单元设置用水计量装置。本条评价总分值为 10 分，并应按表 6.2.4 的规则评分（略）。 注：依据赋分方式，按照使用用途分别设置用水计量装置、统计用水量，得 2 分；按照管理单元情况分别设置用水计量装置、统计用水量，得 4 分；公共浴室淋浴器、病房卫生间等处采用刷卡用水等计量措施，得 4 分。
《绿色商店建筑评价标准》 GB/T 51100-2015	6.2.3 设置用水计量装置，评价总分值为 14 分，按下列规则分别评分并累计： 1 供水系统设置总水表，得 6 分； 2 按使用用途，对冲厕、盥洗、餐饮、绿化、景观、空调等用水计量装置，统计用水量，每个系统得 1 分，最高得 6 分； 3 其他应单独计量的系统合理设置用水计量装置，每个系统得 1 分，最高得 2 分。
《民用建筑节水设计标准》 GB 50555-2010	6.1.9 民用建筑的给水、热水、中水以及直饮水等给水管道设置计量水表应符合下列规定： 1 住宅入户管上应设计量水表； 2 公共建筑应根据不同使用性质及计费标准分类分别设计量水表； 3 住宅小区及单体建筑引入管上应设计量水表； 4 加压分区供水的贮水池或水箱前的补水管上宜设计量水表； 5 采用高位水箱供水系统的水箱出水管上宜设计量水表； 6 冷却塔、游泳池、水景、公共建筑中的厨房、洗衣房、游乐设施、公共浴池、中水贮水池或水箱补水等的补水管上应设计量水表； 7 机动车清洗用水管上应安装水表计量； 8 采用地下水水源热泵为热源时，抽、回灌管道应分别设计量水表； 9 满足水量平衡测试及合理用水分析要求的管段上应设计量水表。

名称	条文
《民用建筑节水设计标准》 GB 50555-2010	6.1.10 民用建筑所采用的计量水表应符合下列规定： 1 产品应符合国家现行标准《封闭满管道中水流量的测量 饮用冷水水表和热水水表》GB / T 778.1 ~ 3、《IC 卡冷水水表》CJ / T 133、《电子远传水表》CJ / T 224、《冷水水表检定规程》JJG 162 和《饮用水冷水水表安全规则》CJ 266 的规定； 2 口径 DN15 ~ DN25 的水表，使用期限不得超过 6a；口径大于 DN25 的水表，使用期限不得超过 4a。 6.1.11 学校、学生公寓、集体宿舍公共浴室等集中用水部位宜采用智能流量控制装置。

地方标准

名称	条文
《公共建筑绿色设计标准》 DGJ 08-2143-20**	8.2.7 给水系统应根据不同用途、不同使用单位、不同付费或管理单元，分别设置用水计量装置、统计用水量。有能耗监测要求的计量水表，应采用具有当前累积水流量采集功能并带计量数据输出和标准通信接口的数字水表。建筑水资源管理平台应对接市能耗在线监测系统。
《住宅建筑绿色设计标准》 DGJ 08-2139-20**	8.5.4 每个居住单元及不同用途的给水管上应设置水表，应选用高灵敏度计量水表，计量水表安装率达 100%。 8.5.5 景观水体补水、绿化浇洒、非传统水用水等应分别设置水表。

技术细则

名称	条文
《绿色数据中心评价技术细则》 住建部 2015 年 12 月版	6.2.3 按用途设置水表。按下列规则分别评分并累计： 1 按使用用途，对空调系统、卫生间、景观及绿化、非传统水源等用水分别设置用水计量装置，统计用水量，得 4 分； 2 按付费或管理单元，分别设置用水计量装置，统计用水量，得 6 分。 评价总分值：10 分。
《绿色超高层建筑评价技术细则》 （修订版征求意见稿） 住建部 2016 年 5 月	6.2.4 设置用水计量装置，评价总分值为 8 分，并按下列规则分别评分并累计： 1 按使用用途，对餐饮厨房、公共卫生间、空调系统、游泳池、绿化、景观等用水分别设置用水计量装置，统计用水量，得 4 分； 2 按付费或管理单元，分别设置用水计量装置，统计用水量，得 4 分。
《绿色养老建筑评价技术细则》 （征求意见稿） 住建部 2016 年 8 月	6.2.4 按用途、按区域合理设置用水计量装置，评价总分值为 10 分，按下列规则分别评分并累计： 1 按使用用途，对养老建筑中及配套的厨房、卫生间、空调系统、游泳池、绿地、景观等用水分别设置用水计量装置，统计用水量，得 5 分； 2 按付费或管理单元，分别设置用水计量装置，统计用水量，得 5 分。

Application Guide for Shanghai Green Building Design

实施途径 1. 用水计量水表安装位置应观察方便，不被冻结，不被任何液体及杂质所淹。

计量水表安装　　　　　　　　　　　　　　　　　　　表 4-7

序号	表级	水表直径	装表位置	备注
1	一级	例：DN200	从城镇给水管网接入小区或建筑物的引入管上	应遥控远传
2	二级	例：DN150	1 利用城镇给水管网的水压直接供水的，从小区或建筑物的引入管上接出的干管起端 2 设置贮水调节和加压装置的，从小区或建筑物的引入管上接出的贮水调节和加压装置的进水管上	应遥控远传
3	三级	例：DN100	1 利用城镇给水管网的水压直接供水的，从引入管后干管上接出的支管起端 2 设置贮水调节和加压装置的，从贮水调节和加压装置的出水管上接出的各分支立管起端 3 综合建筑的不同功能分区（如餐饮、商场、洗衣房、健身中心等）的进入管上 4 道路浇洒和绿化浇灌用水的配水干管起端 5 锅炉、冷却塔、游泳池、水景等的进水管或补水管上	应遥控远传
4	用户端表	例：DN25	1 各楼层用水设备、用水单元的进入管上 2 不同付费或管理单元的进入管上	

2. 有能耗监测要求的计量水表，应采用具有当前累积水流量采集功能并带计量数据输出和标准通信接口的数字水表。

3. 建筑水资源管理平台应对接市能耗在线监测系统，并符合上海市现行标准《公共建筑用能监测系统技术规程》DGJ 08-2068-2017 的规定。

4. 按照使用用途，对厨卫、绿化、空调系统、泳池、景观等用水分别设置用水计量装置、统计用水量，是国家现行标准《绿色建筑评价标准》GB/T 50378-2014 的得分要求。若按照付费或管理单元，对不同用户的用水分别设置用水计量装置、统计用水量，可获得该项指标高分。若这两项措施同时采用，可获得该项指标最高分。

设计文件

1. 方案设计阶段：给水排水专业的设计说明（含水表设置位置、遥控远传情况）等。

2. 初步（总体）设计阶段：给水排水专业的设计说明、初步（总体）设计图、材料表（含各级水表设和遥控远传水表设置位置）等。

3. 施工图设计阶段：给水排水专业的设计说明、施工图、材料表、计算书（含各级水表和遥控远传水表设置位置、产品性能要求）等。

4. 设备招标阶段：技术规格书（含各级水表和遥控远传水表设置位置、产品性能要求等），采购合同中必须明确要求提供水表产品的证明文件和性能检测报告等。

3 节水设备与器具

3.1 生活用水器具的用水效率等级应达到或高于 2 级

设计要点 生活用水器具的用水效率等级应达到或高于 2 级。

相关标准

国家标准

名称	条文
《绿色建筑评价标准》 GB/T 50378-2014	6.2.6 使用较高用水效率等级的卫生器具，评价总分值 10 分。用水效率等级达到 3 级，得 5 分；达到 2 级，得 10 分。 11.2.4 卫生器具的用水效率均达到国家现行有关卫生器具用水等级标准规定的 1 级，评价分值为 1 分。
《绿色博览建筑评价标准》 GB/T 51148-2016	6.2.7 使用较高用水效率等级的卫生器具，评价总分值 15 分，按下列规则评分： 1 用水效率等级达到三级，得 10 分； 2 用水效率等级达到二级，得 15 分。 11.2.3 卫生器具的用水效率均为国家现行有关卫生器具用水等级标准规定的 1 级，评价分值为 1 分。
《绿色饭店建筑评价标准》 GB/T 51165-2016	6.2.7 使用较高用水效率等级的卫生器具，评价总分值 15 分，按下列规则评分： 1 用水效率等级达到二级，得 10 分； 2 用水效率等级达到一级，得 15 分。
《绿色医院建筑评价标准》 GB/T 51153-2015	6.2.5 使用较高用水效率等级的卫生器具。本条评价总分值为 10 分，并应按表 6.2.5 的规则评分（略）。 注：依据赋分方式，卫生器具用水效率等级达到三级，得 5 分；卫生器具用水效率等级达到二级，得 10 分。
《绿色商店建筑评价标准》 GB/T 51100-2015	6.2.4 使用用水效率等级高的卫生器具，评价总分值 16 分。用水效率等级达到三级，得 8 分；达到二级，得 16 分。
《民用建筑节水设计标准》 GB 50555-2010	6.1.1 建筑给水排水系统中采用的卫生器具、水嘴、淋浴器等应根据使用对象、设置场所、建筑标准等因素确定，且均应符合现行行业标准《节水型生活用水器具》CJ 164 的规定。 6.1.2 坐式大便器宜采用设有大、小便分档的冲洗水箱。

Application Guide for Shanghai Green Building Design

名称	条文
《民用建筑节水设计标准》 GB 50555-2010	6.1.3 居住建筑中不得使用一次冲洗水量大于 6L 的坐便器。 6.1.4 小便器、蹲式大便器应配套采用延时自闭式冲洗阀、感应式冲洗阀、脚踏冲洗阀。 6.1.5 公共场所的卫生间洗手盆应采用感应式或延时自闭式水嘴。 6.1.6 洗脸盆等卫生器具应采用陶瓷片等密封性能良好、耐用的水嘴。 6.1.7 水嘴、淋浴喷头内部宜设置限流配件。

地方标准

名称	条文
《公共建筑绿色设计标准》 DGJ 08-2143-20**	8.3.1 生活用水器具的用水效率等级应达到或高于 2 级。
《住宅建筑绿色设计标准》 DGJ 08-2139-20**	8.5.1 住户内的水嘴、淋浴器、便器及冲洗阀等应符合行业现行标准《节水型生活用水器具》CJ 164 的规定，水嘴、坐便器、淋浴器的用水效率不应低于国家现行有关卫生器具用水效率等级标准规定的 2 级标准。排水横管坡度不应小于现行国家标准《建筑给水排水设计规范》GB50015 规定的排水横管通用坡度。 8.5.2 全装修住宅节水器具使用率应达到 100%。

技术细则

名称	条文
《绿色超高层建筑评价技术细则》 （修订版征求意见稿） 住建部 2016 年 5 月	6.2.6 使用较高用水效率等级的卫生器具，评价总分值 13 分。用水效率等级达到 2 级，得 5 分；50% 达到 1 级，得 8 分；70% 达到 1 级，得 10 分；100% 达到 1 级，得 13 分。
《绿色养老建筑评价技术细则》 （征求意见稿） 住建部 2016 年 8 月	6.2.6 采用较高用水效率等级的卫生器具，评价总分值为 10 分。用水效率等级达到 3 级，得 5 分；达到 2 级，得 10 分。

实施途径　1. 节水型生活用水器具的用水效率等级，应符合国家现行标准《节水型产品通用技术条件》GB/T 18870-2011、《水嘴用水效率限定值及用水效率等级》GB 25501-2010、《坐便器用水效率限定值及用水效率等级》GB 25502-2017、《小便器用水效率限定值及用水效率等级》GB 28377-2012、《淋浴器用水效率限定值及用水效率等级》GB 28378-2012、《便器冲洗阀用水效率限定值及用水效率等级》GB 28379-2012《蹲便器用水效率限定值及用水效率等级》GB 30717-2014、《电动洗衣机能效水效限定值及等级》GB 12021.4-2013 和现行行业标准《节水型生活用水器具》CJ/T 164-2014 等有关节水评价值的规定。

根据上述现行国家标准，水嘴、坐便器、小便器、淋浴器、便器冲洗阀和蹲便器等的节水评价值为用水效率等级的 2 级。

节水型生活用水器具   表 4-8

生活用水器具		用水效率限定值及用水效率等级		《节水型生活用水器具》CJ/T 164-2014	
		水效等级		用水量分级	
		1 级	2 级	1 级	2 级
水嘴		流量 0.100L/s	流量 0.125 L/s	流量 ≤ 0.100L/s	0.100 L/s< 流量 ≤ 0.125 L/s
淋浴器		流量 0.080 L/s	流量 0.120 L/s	流量 ≤ 0.080L/s	0.080 L/s< 流量 ≤ 0.120 L/s
坐便器	平均	用水量 ≤ 4.0 L	用水量 ≤ 5.0 L	用水量 4.0 L	用水量 5.0 L
	双冲全冲	用水量 ≤ 5.0 L	用水量 ≤ 6.0 L		
	双冲半冲	半冲平均用水量不大于其全冲用水量最大限定值的 70%		小档排水量 ≤ 70% 名义用水量	
蹲便器		平均用水量 5.0 L	平均用水量 6.0 L	一次用水量 ≤ 6.0 L	
小便器		冲洗水量 2.0 L	冲洗水量 3.0 L	一次用水量 ≤ 3.0 L	
大便器冲洗阀		冲洗水量 4.0 L	冲洗水量 5.0 L	一次用水量 ≤ 6.0 L	
小便器冲洗阀		冲洗水量 2.0 L	冲洗水量 3.0 L	一次用水量 ≤ 3.0 L	
洗衣机	波轮	单位功效用水量 ≤ 10 L/（cycle·kg）	单位功效用水量 ≤ 14 L/（cycle·kg）	单位洗涤容量用水量 ≤ 24 L/kg	
	滚筒	单位功效用水量 ≤ 6 L/（cycle·kg）	单位功效用水量 ≤ 7 L/（cycle·kg）	单位洗涤容量用水量 ≤ 14 L/kg	

2. 节水型生活用水器具的排水横管坡度应不小于国家现行标准《建筑给水排水设计规范》GB 50015-2003（2009 年版）规定的排水横管通用坡度。

3. 用水效率等级达到 2 级，是国家现行标准《绿色建筑评价标准》GB/T 50378-2014 的得分要求。若用水效率等级达到 1 级，可获得该项指标附加分。

设计文件

1. 方案设计阶段：给水排水专业的设计说明（含生活用水器具的用水效率等级、用水量分级、达到 1 级比例）等。

2. 初步（总体）设计阶段：给水排水专业的设计说明、初步（总体）设计图、材料表（含生活用水器具的用水效率等级、用水量分级、达到 1 级比例及其工作水压和流量）等。

3. 施工图设计阶段：给水排水专业的设计说明、施工图、材料表、计算书（含生活用水器具的用水效率等级、用水量分级、达到 1 级比例及其工作水压和流量）等。

4. 设备招标阶段：技术规格书（含生活用水器具的用水效率等级、用水量分级、达到 1 级比例及其工作水压和流量等），采购合同中必须明确要求提供生活用水器具产品的证明文件和性能检测报告等。

3.2 公用浴室应采用带恒温控制与温度显示功能的冷热水混合淋浴器，或设置用者付费的设施、带有无人自动关闭装置的淋浴器

设计要点 公用浴室是指学校、医院、体育场馆等建筑集中设置若干数量沐浴设施的公用浴室，以及为住宅、办公楼、旅馆、商场等物业管理人员、餐饮服务人员和其他工作人员集中设置若干数量沐浴设施的公用浴室。

相关标准

国家标准

名称	条文
《绿色建筑评价标准》 GB/T 50378-2014	6.2.5 公用浴室采取节水措施，评价总分值为 4 分，并按下列规则分别评分并累计： 1 采用带恒温控制和温度显示功能的冷热水混合淋浴器，得 2 分； 2 设置用者付费的设施，得 2 分。
《绿色博览建筑评价标准》 GB/T 51148-2016	6.2.5 公用浴室采取节水措施，评价总分值为 4 分，按下列规则评分： 1 采用带恒温控制和温度显示功能的冷热水混合淋浴器，得 2 分； 2 采用带有感应开关、延时自闭阀、脚踏式开关等装置的淋浴器，得 4 分。
《绿色饭店建筑评价标准》 GB/T 51165-2016	6.2.6 淋浴设施具备恒温控制和温度显示功能，公用浴室内淋浴设施设有感应开关、延时自闭阀等装置，评价分值为 4 分。
《民用建筑节水设计标准》 GB 50555-2010	4.2.3 热水供应系统应有保证用水点处冷、热水供水压力平衡的措施。用水点处冷、热水供水压力差不宜大于 0.02MPa，并应符合下列规定： 3 在用水点处宜设带调节压差功能的混合器、混合阀。 4.2.6 公共浴室的集中热水供应系统应满足下列要求： 4 淋浴器宜采用即时启、闭的脚踏、手动控制或感应式自动控制装置。 6.1.8 采用双管供水的公共浴室宜采用带恒温控制与温度显示功能的冷热水混合淋浴器。

地方标准

名称	条文
《公共建筑绿色设计标准》 DGJ 08-2143-20**	8.3.2 公用浴室应采用带恒温控制与温度显示功能的冷热水混合淋浴器，或设置用者付费的设施、带有无人自动关闭装置的淋浴器。

团体标准

名称	条文
《健康建筑评价标准》 中国建筑学会 TASC 02-2016	5.2.6 设有淋浴器的卫生间，采用分水器配水或其他避免用水器具同时使用时彼此用水干扰的措施，评价分值为 7 分。 5.2.7 淋浴器设置恒温混水阀，评价分值为 5 分。

技术细则

名称	条文
《绿色超高层建筑评价技术细则》 （修订版征求意见稿） 住建部 2016 年 5 月	6.2.5 公用浴室采取节水措施，评价分值为 2 分。
《绿色养老建筑评价技术细则》 （征求意见稿） 住建部 2016 年 8 月	6.2.5 集中热水系统设置支管循环，采取防烫伤措施，并设置消毒设施，评价总分值为 10 分，按下列规则分别评分并累计： 1 集中热水系统设置支管循环或恒温控制设备，得 5 分； 2 采取了有效的防烫伤措施，得 3 分； 3 设置消毒设施，得 2 分。

实施途径	1. 公用浴室是指学校、医院、体育场馆等建筑集中设置若干数量沐浴设施的公用浴室，以及为住宅、办公楼、旅馆、商场等物业管理人员、餐饮服务人员和其他工作人员集中设置若干数量沐浴设施的公用浴室。 2. 公用浴室采用带恒温控制和温度显示功能的冷热水混合淋浴器，设置用者付费的设施、带有无人自动关闭装置的淋浴器是国家现行标准《绿色建筑评价标准》GB/T 50378-2014 的得分要求。若这两项措施同时采用，可获得该项指标最高分。

设计文件

1. 方案设计阶段：给水排水专业的设计说明（含公用浴室位置及其节水措施）等。

2. 初步（总体）设计阶段：给水排水专业的设计说明、初步（总体）设计图、材料表（含公用浴室位置及其节水措施、冷热水混合淋浴器）等。

Application Guide for Shanghai Green Building Design

3. 施工图设计阶段：给水排水专业的设计说明、施工图、材料表、计算书（含公用浴室位置及其节水措施、冷热水混合淋浴器）等。

4. 设备招标阶段：技术规格书（含公用浴室位置及其节水措施、冷热水混合淋浴器等），采购合同中必须明确要求提供冷热水混合淋浴器等产品的证明文件和性能检测报告等。

3.3 除卫生器具、绿化浇灌和冷却塔外的其他用水应经技术经济比较，合理采用节水技术或措施

| 设计要点 | 除卫生器具、绿化灌溉和冷却塔以外的其他用水应经技术经济比较，合理采用节水技术和措施。 |

相关标准

国家标准

名称	条文
《绿色建筑评价标准》 GB/T 50378-2014	6.2.9 除卫生器具、绿化灌溉和冷却塔外的其他用水采用了节水技术或措施。评价总分值为 5 分。其他用水中采用了节水技术或措施的比例达到 50%，得 3 分；达到 80%，得 5 分。
《绿色博览建筑评价标准》 GB/T 51148-2016	6.2.10 除卫生器具、绿化灌溉、冷却塔外的其他用水采用了节水技术或措施，评价总分值为 5 分，按下列规则评分： 1 其他用水的 50% 及以上采用了节水技术或措施，得 3 分； 2 其他用水的 80% 及以上采用了节水技术或措施，得 5 分。
《绿色饭店建筑评价标准》 GB/T 51165-2016	6.2.10 除卫生器具、绿化灌溉、冷却塔外的其他用水采用了节水技术或措施，评价总分值为 5 分，按下列规则评分： 1 其他用水的 50% 及以上采用了节水技术或措施，得 3 分； 2 其他用水的 80% 及以上采用了节水技术或措施，得 5 分。
《绿色医院建筑评价标准》 GB/T 51153-2015	6.2.8 除卫生器具、绿化灌溉、冷却塔外的其他用水采用了节水技术或措施。本条评价总分值为 5 分，并应按表 6.2.8 的规则评分（略）。 注：依据赋分方式，其他用水的 50% 采用了节水技术或措施，得 3 分；其他用水的 80% 采用了节水技术或措施，得 5 分。
《民用建筑节水设计标准》 GB 50555-2010	6.2.7 洗衣房、厨房应选用高效、节水的设备。

地方标准

名称	条文
《公共建筑绿色设计标准》 DGJ 08-2143-20**	8.3.3 除卫生器具、绿化浇灌和冷却塔外的其他用水应经技术经济比较，合理采用节水技术或措施。

技术细则

名称	条文
《绿色数据中心评价技术细则》 住建部 2015 年 12 月版	6.2.6 除卫生器具、绿化灌溉和冷却塔外的其他用水采用了节水技术或措施。评分规则如下： 其他用水中采用了节水技术或措施的比例达到 50%，得 3 分；达到 80%，得 5 分。 评价总分值：5 分。
《绿色超高层建筑评价技术细则》 （修订版征求意见稿） 住建部 2016 年 5 月	6.2.9 除卫生器具、绿化灌溉和冷却塔外的其他用水采用了节水技术或措施。评价总分值为 5 分。其他用水中采用了节水技术或措施的比例达到 50%，得 3 分；达到 80%，得 5 分。

实施途径　　1. 除卫生器具、绿化灌溉和冷却塔以外的其他用水应经技术经济比较，合理采用节水技术和措施，如车库和道路冲洗用的节水高压水枪、节水型专业洗衣机、循环用水洗车台，给水深度处理采用自用水量较少的处理设备和措施，集中空调加湿系统采用用水效率高的设备和措施等。

2. 其他用水中采用节水技术和措施的用水量占其他用水总用水量的比例达到 50%，是国家现行标准《绿色建筑评价标准》GB/T 50378-2014 的得分要求。若达到 80%，可获得该项指标最高分。

设计文件

1. 方案设计阶段：给水排水专业的设计说明（含其他用水中采用的节水技术和措施及其采用比例）等。

2. 初步（总体）设计阶段：给水排水专业的设计说明、初步（总体）设计图、材料表（含其他用水中采用的节水技术和措施及其采用比例）等。

3. 施工图设计阶段：给水排水专业的设计说明、施工图、材料表、计算书（含其他用水中采用的节水技术和措施及其采用比例）等。

4. 设备招标阶段：技术规格书（含其他用水中采用的节水技术和措施及其采用比例等），采购合同中必须明确要求提供其他用水中采用节水技术和措施的相关产品证明文件和性能检测报告等。

4 非传统水

4.1 场地内雨水设计应统筹规划，合理确定径流控制及利用方案。雨水外排应采取总量控制措施，场地年径流总量控制率不宜低于 55%

设计要点	1. 场地内雨水设计应统筹规划，合理确定径流控制及利用方案。 2. 海绵城市建设的主要影响因素包括区域水文地质、排水防涝体系、下垫面特性和功能区划等，主要途径包含生态保护、生态修复和低影响开发，主要控制指标包括水生态、水安全、水环境和水资源。

相关标准

国家标准

名称	条文
《绿色建筑评价标准》 GB/T 50378-2014	4.2.13 充分利用场地空间合理设置绿色雨水基础设施，对大于 10hm² 的场地进行雨水专项规划设计，评价总分值为 9 分，并按下列规则分别评分并累计： 1 下凹式绿地、雨水花园等有调蓄雨水功能的绿地和水体的面积之和占绿地面积的比例达到 30%，得 3 分； 2 合理衔接和引导屋面雨水、道路雨水进入地面生态设施，并采取相应的径流污染控制措施，得 3 分； 3 硬质铺装地面中透水铺装面积的比例达到 50%，得 3 分。 4.2.14 合理规划地表与屋面雨水径流，对场地雨水实施外排总量控制。场地年径流总量控制率达到 55%，得 3 分；达到 70%，得 6 分。
《绿色博览建筑评价标准》 GB/T 51148-2016	4.2.13 充分利用场地空间合理设置绿色雨水基础设施，对大于 10hm² 的场地进行雨水专项规划设计，评价总分值为 6 分，按下列规则分别评分并累计： 1 下凹式绿地、雨水花园、下凹的室外硬质铺装场地等有调蓄雨水功能的绿地、硬质铺装和水体的面积之和占绿地面积的比例达到 30%，得 2 分； 2 合理衔接和引导屋面雨水、道路雨水进入地面生态设施，并采取相应的径流污染控制措施，得 1 分； 3 博物馆建筑硬质铺装地面中透水铺装面积的比例达到 30%，得 3 分； 4 展览馆建筑硬质铺装地面中透水铺装面积的比例达到 10%，或不低于 70% 的室外机动车停车位采用镂空透水铺装，得 3 分。 4.2.14 合理规划地表与屋面雨水径流，对场地雨水实施外排总量控制，评价总分值为 3 分。场地年径流总量控制率达到 55%，得 2 分；达到 70%，得 3 分。

名称	条文
《绿色饭店建筑评价标准》 GB/T 51165-2016	4.2.14 充分利用场地空间合理设置绿色雨水基础设施，对大于 10hm² 的场地进行雨水专项规划设计，评价总分值为 9 分，按下列规则分别评分并累计： 1 下凹式绿地、雨水花园等有调蓄雨水功能的绿地和水体的面积之和占绿地面积的比例达到 30%，得 3 分； 2 合理衔接和引导屋面雨水、道路雨水进入地面生态设施，并采取相应的径流污染控制措施，得 3 分； 3 硬质铺装地面中透水铺装面积的比例达到 50%，得 3 分。 4.2.15 合理规划地表与屋面雨水径流，对场地雨水实施外排总量控制，评价总分值为 6 分。场地年径流总量控制率达到 55%，得 3 分；达到 70%，得 6 分。
《绿色医院建筑评价标准》 GB/T 51153-2015	4.2.14 充分利用场地空间合理设置绿色雨水基础设施，超过 10hm² 的场地进行雨水专项规划设计。本条评价总分值为 6 分，并应按表 4.2.14 的规则评分（略）。 注：依据赋分方式，下凹式绿地、雨水花园等有调蓄雨水功能的绿地和水体的面积之和占绿地面积的比例不小于 30%，得 2 分；合理衔接和引导屋面雨水、道路雨水进入地面生态设施，并采取相应的径流污染控制措施，得 2 分；硬质铺装地面中透水铺装面积的比例不小于 50%，得 2 分。 4.2.15 合理规划地表与屋面雨水径流，对场地雨水实施外排总量控制。本条评价总分值为 6 分，并应按表 4.2.15 的规则评分（略）。 注：依据赋分方式，场地年径流总量控制率不低于 55% 但低于 70%，得 3 分；场地年径流总量控制率不低于 70% 但低于 85%，得 6 分。
《绿色商店建筑评价标准》 GB/T 51100-2015	4.2.10 充分利用场地空间合理设置绿色雨水基础设施，评价总分值为 8 分，按下列规则分别评分并累计： 1 合理衔接和引导屋面雨水、道路雨水进入地面生态设施，并采取相应的径流污染控制措施，得 4 分； 2 室外场地硬质铺装地面中透水铺装面积的比例达到 50%，得 4 分。 4.2.11 合理规划地表与屋面雨水径流，对场地雨水实施外排总量控制，评价总分值为 6 分。场地年径流总量控制率达到 55%，得 3 分；达到 70%，得 6 分。

地方标准

名称	条文
《公共建筑绿色设计标准》 DGJ 08-2143-20**	8.4.1 场地内雨水设计应统筹规划，合理确定径流控制及利用方案。雨水外排应采取总量控制措施，场地年径流总量控制率不宜低于 55%。
《住宅建筑绿色设计标准》 DGJ 08-2139-20**	8.4.6 场地雨水外排应采用总量控制措施，年径流总量控制率不应低于 55%。 8.4.7 年径流总量控制计算应符合《建筑与小区雨水控制及利用工程技术规范》GB 50400 有关内容。

名称	条文
《绿色数据中心评价技术细则》 住建部 2015 年 12 月版	4.2.14 充分利用场地空间合理设置绿色雨水基础设施，对大于 10hm² 的场地进行雨水专项规划设计。按下列规则分别评分并累计： 1 下凹式绿地、雨水花园等有调蓄雨水功能的绿地和水体的面积之和占绿地面积的比例达到 30%，得 2 分； 2 合理衔接和引导屋面雨水、道路雨水进入地面生态设施，并采取相应的径流污染控制措施，得 2 分； 3 硬质铺装地面中透水铺装面积的比例达到 50%，得 2 分。 评价总分值：6 分 4.2.15 合理规划地表与屋面雨水径流，对场地雨水实施外排总量控制。评分规则如下： 场地年径流总量控制率达到 55%，得 3 分；达到 70%，得 6 分。 评价总分值：6 分。
《绿色超高层建筑评价技术细则》 （修订版征求意见稿） 住建部 2016 年 5 月	4.2.10 合理规划地表与屋面雨水径流，对场地雨水实施外排总量控制，评价总分值为 10 分。场地年径流总量控制率达到 55%，得 6 分；达到 70%，得 10 分。
《绿色养老建筑评价技术细则》 （征求意见稿） 住建部 2016 年 8 月	4.2.14 充分利用场地空间合理设置绿色雨水基础设施，对大于 10hm² 的场地进行雨水专项规划设计，评价总分值为 6 分，按下列规则分别评分并累计： 1 下凹式绿地、雨水花园等有调蓄雨水功能的绿地和水体的面积之和占绿地面积的比例达到 30%，水体水深不大于 0.6m，并有安全提示与安全防护措施，得 2 分； 2 合理衔接和引导屋面雨水、道路雨水进入地面生态设施，并采取相应的径流污染控制措施，得 2 分； 3 硬质铺装地面中透水铺装面积的比例达到 50%，得 2 分。 4.2.15 合理规划地表与屋面雨水径流，对场地雨水实施外排总量控制，评价总分值为 6 分。其场地年径流总量控制率达到 55%，得 3 分；达到 70%，得 6 分。

实施途径 1. 海绵城市建设的主要影响因素包括区域水文地质、排水防涝体系、下垫面特性和功能区划等，主要途径包含生态保护、生态修复和低影响开发，主要控制指标包括水生态、水安全、水环境和水资源。

（1）水生态：年径流总量控制率，水生态岸线改造率；

（2）水安全：内涝防治设计重现期，管网标准，防洪标准；

（3）水环境：水质目标，年径流污染控制率；

Application Guide for Shanghai Green Building Design

（4）水资源：雨水资源利用率。

2. 出于全面推进海绵城市建设的需要，新建机关、学校、医院、文化体育场馆、交通场站和商业综合体等各类大型公共建筑（规划用地面积 2hm² 以上），宜配套建设雨水集蓄利用设施。

3. 对于大于 10hm² 的场地必须进行雨水专项规划设计，并衔接海绵城市上位规划的技术要求。雨水专项规划设计是通过建筑、景观、道路和市政等不同专业的协调配合，综合考虑各类因素的影响，对径流减排、污染控制、雨水收集回用进行全面统筹规划设计。建筑应充分利用场地特征，积极采用下凹绿地、透水性铺装等增渗措施，适当收集屋面雨水，并合理采取调蓄排放措施，降低建筑所在区域径流系数、控制雨水外排流量、减轻城镇防洪压力。

4. 能调蓄雨水的景观绿地包括下凹式绿地、雨水花园、树池、干塘等。地面生态设施包括下凹式绿地、植草沟、树池等，即在地势较低的区域种植植物，通过植物截流、土壤过滤滞留处理小流量径流雨水，达到径流污染控制目的。

5. "硬质铺装地面"指场地中停车场、道路和室外活动场地等，不包括建筑占地（屋面）、绿地、水面等。"透水铺装"指采用如植草砖、透水沥青、透水混凝土、透水地砖等透水铺装系统，既能满足路用及铺地强度和耐久性要求，又能使雨水通过本身与铺装下基层相通的渗水路径直接渗入下部土壤的地面铺装。当透水铺装下为地下室顶板时，若地下室顶板设有疏水板及导水管等可将渗透雨水导入与地下室顶板接壤的实土，或地下室顶板上覆土深度能满足当地园林绿化部门要求时，仍可认定其为透水铺装地面。

6. 下凹式绿地、雨水花园等有调蓄雨水功能的绿地和水体的面积之和占绿地面积的比例达到 30%；或合理衔接和引导屋面雨水、道路雨水进入地面生态设施，并采取相应的径流污染控制措施；或硬质铺装地面中透水铺装面积的比例达到 50%，是国家现行标准《绿色建筑评价标准》GB/T 50378-2014 的得分要求。若这三项措施中两项同时采用，可获得该项指标高分。若这三项措施同时采用，可获得该项指标最高分。场地大于 10hm² 的应提供雨水专项规划设计，没有提供的本条不得分。

7. 设计控制雨量 11.2mm、18.5mm，相当于上海地区年径流总量控制率为 55%、70% 时对应的日降雨量。

设计控制雨量不小于 11.2mm，是国家现行标准《绿色建筑评价标准》GB/T 50378-2014 的得分要求。若设计控制雨量不小于 18.5mm，可获得该项指标高分。

设计文件

给水排水专业和景观专业的设计说明、施工图、计算书等。

4.2 景观水体应结合雨水利用设施进行设计

设计要点　　景观水体利用雨水的补水量大于其水体蒸发量的60%，且采用生态水处理技术保障水体水质。

相关标准

国家标准

名称	条文
《绿色建筑评价标准》 GB/T 50378-2014	6.2.12 结合雨水利用设施进行景观水体设计，景观水体利用雨水的补水量大于其水体蒸发量的60%，且采用生态水处理技术保障水体水质，评价总分值为7分，并按下列规则评分并累计： 1 对进入景观水体的雨水采取控制面源污染的措施，得4分； 2 利用水生动、植物进行水体净化，得3分。
《绿色博览建筑评价标准》 GB/T 51148-2016	6.2.13 结合雨水利用设施进行景观水体设计，景观水体利用雨水的补水量大于其水体蒸发量的60%，且采用生态水处理技术保障水体水质，评价总分值为5分，按下列规则分别评分并累计： 1 对进入景观水体的雨水采取控制面源污染的措施，得2分； 2 利用水生动、植物进行水体净化，得3分。
《绿色饭店建筑评价标准》 GB/T 51165-2016	6.2.13 结合雨水利用设施进行景观水体设计，景观水体利用雨水的补水量大于其水体蒸发量的60%，且采用生态水处理技术保障水体水质，评价总分值为5分，按下列规则分别评分并累计： 1 对进入景观水体的雨水采取控制面源污染的措施，得3分； 2 利用水生动、植物进行水体净化，得2分。
《绿色医院建筑评价标准》 GB/T 51153-2015	6.2.11 结合雨水利用设施进行景观水体设计，利用雨水对景观水体补水，雨水利用补水量大于水体蒸发量的60%，并采用生态水处理技术保障水体水质。本条评价总分值为10分，并应按表6.2.11的规则评分（略）。 注：依据赋分方式，进入景观水体的雨水，利用场地生态设施控制径流污染，得5分；采取有效措施，利用水生动、植物进行水体净化，得5分。
《民用建筑节水设计标准》 GB 50555-2010	4.1.5 景观用水水源不得采用市政自来水和地下井水。

地方标准

名称	条文
《公共建筑绿色设计标准》 DGJ 08-2143-20**	8.4.2 景观水体应结合雨水利用设施进行设计。

名称	条文
《住宅建筑绿色设计标准》 DGJ 08-2139-20**	8.4.5 景观水体补水应采用雨水，其补水量应大于其水体蒸发量的 60%，且宜采用生态水处理技术保障水体水质。

技术细则

名称	条文
《绿色数据中心评价技术细则》 住建部 2015 年 12 月版	6.2.9 结合雨水利用设施进行景观水体设计，景观水体利用雨水的补水量大于其水体蒸发量的 60%，且采用生态水处理技术保障水体水质。并按下列规则评分： 1 对进入景观水体的雨水采取控制面源污染的措施，得 5 分； 2 利用水生动、植物进行水体净化，得 5 分； 3 不设景观水体的项目，本条得 7 分。 评价总分值：10 分。
《绿色超高层建筑评价技术细则》 （修订版征求意见稿） 住建部 2016 年 5 月	6.2.12 结合雨水利用设施进行景观水体设计，景观水体利用雨水的补水量大于其水体蒸发量的 60%，且采用生态水处理技术保障水体水质，评价总分值为 7 分，并按下列规则评分并累计： 1 对进入景观水体的雨水采取控制面源污染的措施，得 4 分； 2 利用水生动、植物进行水体净化，得 3 分。
《绿色养老建筑评价技术细则》 （征求意见稿） 住建部 2016 年 8 月	6.2.10 结合雨水利用设施进行景观水体设计，景观水体利用雨水的补水量大于其水体蒸发量的 60%，且采用生态水处理技术保障水体水质，评价总分值为 10 分，按下列规则评分并累计： 1 对进入景观水体的雨水采取控制面源污染的措施，得 6 分； 2 利用水生动、植物进行水体净化，得 4 分。

实施途径　1. 景观水体指人造的满足室外景观环境功能需要的景观河道、景观湖泊、景观池塘等，包括观赏性景观水体和娱乐性景观水体。

观赏性景观水体，指以景观功能保障和维护为目的，人体非直接接触的室外景观环境水体。例如，不设娱乐设施和不用于娱乐功能的各类景观河道、景观湖泊、景观池塘及其他观赏性景观水体等。

娱乐性景观环境水体，指人体非全身性接触的、可作为休闲娱乐活动的室外景观环境水体。例如，设有娱乐设施或可供娱乐的景观河道、景观湖泊、景观池塘及其他娱乐性景观水体等。国家现行标准《民用建筑节水设计标准》GB 50555-2010 中强制性条文第 4.1.5 条规定"景观用水水源不得采用市政自来水和地下井水"。人造的满足室外景观环境功能需要的观赏性景观水体和娱乐性景观水体不得采用市政自来水和地下井。

2. 室内水景及室外亲水性水景的补充水水质,应符合现行国家标准《生活饮用水卫生标准》GB 5749-2006 的要求,从用水安全适用、经济合理角度考虑,不采用非传统水。亲水性水景,包括人体器官与手足有可能接触水体的水景以及产生漂粒、水雾会吸入人体的动态水景。

3. 自然界的水体(河、湖、塘等)大都是由雨水汇集而成,结合场地的地形地貌汇集雨水,用于景观水体的补水,是节水和保护、修复水生态环境的最佳选择,景观水体的补水应充分利用场地的雨水资源,不足时再考虑其他传统水的使用。

4. 应做好景观水体补水量和水体蒸发量逐月的水量平衡,亦即采用除雨水外的其他水对景观水体补水的量不得大于水体蒸发量的 40%。

5. 当建筑临近河道时,在获得当地水务及河道等管理部门批准的前提下,可采用河道水。取用河道水应计量,河道水的取水量应符合有关部门的许可规定,不应破坏生态平衡。

6. 采用自然生态水体净化技术,利用水生动、植物进行水体净化,是国家现行标准《绿色建筑评价标准》GB/T 50378-2014 的得分要求。若对进入景观水体的雨水采取控制面源污染的措施,可获得该项指标高分。若这两项措施同时采用,或不设景观水体的项目,可获得该项指标最高分。

设计文件

1. 方案设计阶段:给水排水专业的设计说明(含景观水体利用雨水和生态水处理技术保障水体水质的措施及其采用雨水比例)等。

2. 初步(总体)设计阶段:给水排水专业的设计说明、初步(总体)设计图、材料表(含景观水体利用雨水和生态水处理技术保障水体水质的措施及其采用雨水比例)等。

3. 施工图设计阶段:给水排水专业的设计说明、施工图、材料表、计算书(含景观水体利用雨水和生态水处理技术保障水体水质的措施及其采用雨水比例)等。

4. 设备招标阶段:技术规格书(含景观水体利用雨水和生态水处理技术保障水体水质的措施及其采用雨水比例),采购合同中必须明确要求提供景观水体利用雨水和生态水处理技术保障水体水质措施的相关产品证明文件和性能检测报告等。

4.3 绿化浇灌、道路浇洒、洗车等用水应合理使用非传统水

设计要点　1. 非传统水,指不同于传统地表水供水和地下水供水的水源,包括雨水、再生水、河道水、海水等。

2. 绿化浇灌、道路浇洒、洗车等用水应优先使用回用雨水。

3. 除污水处理厂、自来水厂使用尾水和反冲洗水宜用作厂区绿化浇灌和道路、设施冲洗外,一般公共建筑、住宅应慎用中水作为绿化浇灌、道路浇洒、洗车等用水。

名称	条文
《绿色建筑评价标准》 GB/T 50378-2014	6.2.10 合理使用非传统水源，评价总分值为 15 分，并按下列规则评分： 1 住宅、办公、商店、旅馆类建筑：根据其按下列公式计算的非传统水源利用率，或者其非传统水源利用措施，按表 6.2.10 的规则评分（略）。 注：依据赋分方式，无市政再生水供应时，建筑用水总量（不含冷却水补水量和室外景观水体补水量）中采用非传统水的比例，办公建筑达到 8.0%、商店建筑达到 2.5%、旅馆建筑达到 1.0%，或室外绿化浇灌用水总量中采用非传统水的比例不低于 60%，可得 10 分。若办公建筑达到 10.0%、商店建筑达到 3.0%、旅馆建筑达到 2.0%，或室外绿化浇灌、道路浇灌和洗车用水总量中采用非传统水的比例不低于 60%，可得 15 分。 2 其他类型建筑：按下列规则分别评分并累计。 1）绿化灌溉、道路冲洗、洗车用水采用非传统水源的用水量占其总用水量的比例不低于 80%，得 7 分； 2）冲厕采用非传统水源的用水量占其总用水量的比例不低于 50%，得 8 分。
《绿色博览建筑评价标准》 GB/T 51148-2016	6.2.11 合理使用非传统水源，评价总分值为 8 分，按下列规则分别评分并累计： 1 绿化灌溉、场地冲洗、洗车用水采用非传统水源的用水量占其用水量的比例不低于 80%，得 3 分； 2 冲厕采用非传统水源的用水量占其用水量的比例不低于 50%，得 5 分。
《绿色饭店建筑评价标准》 GB/T 51165-2016	6.2.11 合理使用非传统水源，评价分值为 10 分，按下列规则评分： 1 按下列公式计算非传统水源利用率，并按表 6.2.11 的要求评分（略）； 注：依据赋分方式，无市政再生水供应时，非传统水源利用率达到 1.0%，可得 5 分；非传统水源利用率达到 2.0%，可得 10 分。 2 或对非传统水源利用措施按表 6.2.11 的要求评分（略）。 注：依据赋分方式，无市政再生水供应时，且非传统水源利用量不应小于相应杂用水用途需水量的 60%，用于绿化灌溉，可得 5 分；绿化灌溉、道路冲洗、洗车用水，可得 10 分。
《绿色医院建筑评价标准》 GB/T 51153-2015	6.2.10 绿化灌溉、道路浇洒、洗车用水、室外水景补水等生活杂用水采用非传统水源。本条评价总分值为 10 分，并应按表 6.1.10 的规则评分（略）。 注：依据赋分方式，50% 的生活杂用水采用非传统水源，得 5 分；80% 的生活杂用水采用非传统水源，得 10 分。
《绿色商店建筑评价标准》 GB/T 51100-2015	6.2.7 合理使用非传统水源用于室内冲厕、室外绿化灌溉、道路浇洒与广场冲洗、空调冷却、景观水体以及其他用途，评价总分值为 10 分。每用于一种用途得 2 分，最高得 10 分。 6.2.8 非传统水源利用率不低于 2.5%，评价总分值为 11 分，按表 6.2.8 的规则评分（略）。 注：依据赋分方式，非传统水源利用率达到 2.5%，得 5 分；达到 3.5%，得 6 分；达到 4.5%，得 7 分；达到 5.5%，得 8 分；达到 6.5%，得 9 分；达到 7.5%，得 10 分；达到 8.5%，得 11 分。

地方标准

名称	条文
《公共建筑绿色设计标准》 DGJ 08-2143-20**	8.4.3 绿化浇灌、道路浇洒、洗车等用水应合理使用非传统水。
《住宅建筑绿色设计标准》 DGJ 08-2139-20**	8.1.4 使用非传统水时，应优先利用城市或区域集中再生水厂的再生水作为小区中水水源。当有城市或区域集中再生水厂的再生水供应时，非传统水源利用率不应小于 8%；当无城市或区域集中再生水厂的再生水供应时，非传统水源利用率不应小于 4%。 8.4.2 当有城市或区域集中再生水厂的再生水供应时，非传统水利用措施应包括室外绿化灌溉、道路浇洒和洗车用水，宜包括冲厕；当无城市或区域集中再生水厂的再生水供应时，非传统水利用措施应包括室外绿化灌溉，宜包括冲厕、道路浇洒和洗车用水；其非传统水用水量不应小于 60%。 8.4.3 非传统水利用工程应根据可利用的原水水质、水量和用途，进行技术经济分析和水量平衡，合理确定非传统水水源、系统形式、处理工艺和规模。 8.4.4 非传统水利用必须采取防止误接、误用、误饮的措施，应符合下列要求： 1 非传统水管网中所有组件和附属设施的显著位置应配置"中水"或"雨水"耐久标识，非传统水管道应涂浅绿色，埋地、暗敷中水管道应设置连续耐久标志带； 2 非传统水管道取水接口和取水龙头处应配置"中水禁止饮用"、"雨水禁止饮用"的耐久标识； 3 公共场所及绿化、道路喷洒等杂用的非传统水用水口应设带锁装置； 4 工程验收时应逐段进行检查，防止误接。

技术细则

名称	条文
《绿色数据中心评价技术细则》 住建部 2015 年 12 月版	6.2.7 合理使用非传统水源。评分规则如下（略）。 注：依据赋分方式，无市政再生水利用条件，非传统水源利用率达到 4%，得 5 分；达到 8%，得 7 分；达到 15%，得 15 分。
《绿色超高层建筑评价技术细则》 （修订版征求意见稿） 住建部 2016 年 5 月	6.2.10 合理使用非传统水源，评价分值为 15 分，并按下列规则评分： 2 当无市政再生水供应时，按下列规则分别评分并累计： 1）绿化灌溉、道路冲洗、洗车用水采用非传统水源的用水量占其用水量的比例：不低于 50%，得 4 分；不低于 80%，得 7 分。 2）冲厕采用非传统水源的用水量占其用水量的比例：不低于 20%，得 4 分；不低于 50%，得 8 分。

名称	条文
《绿色养老建筑评价技术细则》 （征求意见稿） 住建部 2016 年 8 月	6.2.9 合理使用非传统水源，评价总分值为 10 分，并按下列规则评分： 1 养老建筑及配套的办公、商店类建筑：根据其按下列公式计算的非传统水源利用率，或者其非传统水源利用措施，按表 6.2.10 的规则评分（略）。 注：依据赋分方式，无市政再生水利用条件，非传统水源利用率养老建筑达到 4%，配套办公达到 8%，配套商业达到 2.5%，或用于绿化灌溉，可得 7 分；非传统水源利用率养老建筑达到 8%，配套办公达到 10%，配套商业达到 3.0%，或用于绿化灌溉、道路浇洒、洗车用水，可得 10 分。 2 其他类型配套建筑：按下列规则分别评分并累计。 （1）绿化灌溉、道路冲洗、洗车用水采用非传统水源的用水量占其总用水量的比例不低于 80%，得 7 分； （2）非居住型建筑冲厕采用非传统水源的用水量占该建筑总用水量的比例不低于 50%，得 3 分。

第四章 给水排水

Application Guide for Shanghai Green Building Design

实施途径　1. 非传统水，指不同于传统地表水供水和地下水供水的水源，包括雨水、再生水、河道水、海水等。在城市节水、城镇节水的标准或相关管理文件中也被称为非常规水。

2. 除污水处理厂、自来水厂使用尾水和反冲洗水宜用作厂区绿化浇灌和道路、设施冲洗外，一般公共建筑应慎用中水作为绿化浇灌、道路浇灌、洗车等用水。

3. 上海地区普遍无市政再生水供应，建筑用水总量（不含冷却水补水量和室外景观水体补水量）中采用非传统水的比例，办公建筑达到 8.0%、商店建筑达到 2.5%、旅馆建筑达到 1.0%，或室外绿化浇灌用水总量中采用非传统水的比例不低于 60%，是国家现行标准《绿色建筑评价标准》GB/T 50378-2014 的得分要求。若办公建筑达到 10.0%、商店建筑达到 3.0%、旅馆建筑达到 2.0%，或室外绿化浇灌、道路浇灌和洗车用水总量中采用非传统水的比例不低于 60%，可获得该项指标最高分。

4. 对于其他类型建筑（养老院、幼儿园、医院除外），室外绿化浇灌、道路浇灌和洗车用水总量中采用非传统水的比例不低于 80%，是国家现行标准《绿色建筑评价标准》GB/T 50378-2014 的得分要求。

设计文件

1. 方案设计阶段：给水排水专业的设计说明（含非传统水利用的技术措施及其利用比例）等。

2. 初步（总体）设计阶段：给水排水专业的设计说明、初步（总体）设计图、材料表（含非传统水利用的技术措施及其利用比例）等。

3. 施工图设计阶段：给水排水专业的设计说明、施工图、材料表、计算书（含非传统水利用的技术措施及其利用比例）等。

4. 设备招标阶段：技术规格书（含非传统水利用的技术措施及其利用比例），采购合同中必须明确要求提供非传统水利用的相关产品证明文件和性能检测报告等。

4.4　冷却水补水使用非传统水时，应采取措施满足水质卫生安全要求

| 设计要点 | 1. 冷却水补水水质应满足国家现行标准《采暖空调系统水质》GB/T 29044-2012 中规定的有关循环冷却水的水质要求，且必须获得卫生防疫主管部门的批准。
2. 除部分电厂等采用海水代替淡水资源的冷却水利用工程外，一般建筑应慎用非传统水作为冷却水补水。 |

相关标准

国家标准

名称	条文
《绿色建筑评价标准》 GB/T 50378-2014	6.2.11 冷却水补水使用非传统水源，评价总分值为 8 分，根据冷却水补水使用非传统水源的量占其总用水量的比例按表 6.2.11 的规则评分（略）。 注：依据赋分方式，冷却水补水使用非传统水源的量占其总用水量的比例达到 10%，得 4 分；达到 30%，得 6 分；达到 50%，得 8 分。
《绿色博览建筑评价标准》 GB/T 51148-2016	6.2.12 冷却水补水使用非传统水源，评价总分值为 5 分，按下列规则评分： 1 冷却水补水使用非传统水源的量占其总用水量的比例，博物馆建筑不低于 10%，展览建筑不低于 5%，得 3 分； 2 冷却水补水使用非传统水源的量占其总用水量的比例，博物馆建筑不低于 30%，展览建筑不低于 15%，得 4 分； 3 冷却水补水使用非传统水源的量占其总用水量的比例，博物馆建筑不低于 50%，展览建筑不低于 25%，得 5 分。
《绿色饭店建筑评价标准》 GB/T 51165-2016	6.2.12 冷却水补水使用非传统水源，评价总分值为 5 分，按下列规则评分： 1 冷却水补水使用非传统水源的量占其总用水量的比例不低于 10%，得 4 分； 2 冷却水补水使用非传统水源的量占其总用水量的比例不低于 30%，得 6 分； 3 冷却水补水使用非传统水源的量占其总用水量的比例不低于 50%，得 10 分。
《绿色商店建筑评价标准》 GB/T 51100-2015	6.2.7 合理使用非传统水源用于室内冲厕、室外绿化灌溉、道路浇洒与广场冲洗、空调冷却、景观水体以及其他用途，评价总分值为 10 分。每用于一种用途得 2 分，最高得 10 分。

地方标准

名称	条文
《公共建筑绿色设计标准》 DGJ 08-2143-20**	8.4.4 冷却水补水使用非传统水时，应采取措施满足水质卫生安全要求。

技术细则

名称	条文
《绿色数据中心评价技术细则》 住建部 2015 年 12 月版	6.2.8 冷却水补水使用非传统水源。评分规则如下： 冷却塔补水使用非传统水源的用水量比例达 10%，得 6 分；达到 30%，得 8 分；达到 50%，得 12 分。 评价总分值：12 分。
《绿色超高层建筑评价技术细则》 （修订版征求意见稿） 住建部 2016 年 5 月	6.2.12 冷却水补水使用非传统水源，评价总分值为 8 分，根据冷却水补水使用非传统水源的量占其总用水量的比例按下列规则评分： 1 冷却水补水使用非传统水源的量占其总用水量的比例大于等于 10%，小于 30%，得 4 分； 2 冷却水补水使用非传统水源的量占其总用水量的比例大于等于 30%，小于 50%，得 6 分； 3 冷却水补水使用非传统水源的量占其总用水量的比例大于等于 50%，得 8 分。

实施途径   1. 除部分电厂等采用海水代替淡水资源的冷却水利用工程外，一般公共建筑应慎用非传统水作为冷却水补水。

2. 冷却水补水水质应满足国家现行标准《采暖空调系统水质》GB/T 29044-2012 中规定的有关循环冷却水的水质要求。

3. 冷却水补水使用非传统水时，必须获得卫生防疫主管部门的批准。

4. 冷却水补水总量中采用非传统水的比例达到 10%，是国家现行标准《绿色建筑评价标准》GB/T 50378-2015 的得分要求。若达到 30%，可获得该项指标高分。若达到 50%，可获得该项指标最高分。

设计文件

给水排水专业和景观专业的设计说明、施工图、计算书等。

获得卫生防疫主管部门批准的文件。

第五章　供暖通风与空气调节

1　一般规定

1.1　冷热源、输配系统等各部分能耗应进行独立分项计量

设计要点	冷热源、输配系统等各部分能耗应进行独立分项计量，并符合上海市现行标准《公共建筑用能监测系统技术规程》DGJ 08-2068-2017 的相关规定。

相关标准

国家标准

名称	条文
《绿色建筑评价标准》 GB/T 50378-2014	5.1.3 冷热源、输配系统和照明等各部分能耗应进行独立分项计量。
《绿色博览建筑评价标准》 GB/T 51148-2016	5.1.3 冷热源、输配系统和照明等各部分能耗应进行独立分项计量。
《绿色饭店建筑评价标准》 GB/T 51165-2016	5.1.3 冷热源、输配系统和照明等各部分能耗应独立分项计量。
《绿色医院建筑评价标准》 GB/T 51153-2015	5.1.1 建筑电耗进行分区计量。 5.2.2 建筑能耗进行分区和分项计量。本条评价总分值为 16 分，并应按表 5.2.2 的规则评分（略）。 注：依据赋分方式，在按建筑单体、主要功能分区计量的基础上，对照明、插座及供暖通风空调系统用电进行分项计量，得 8 分；对大型医疗设备、电梯进行单独计量，得 2 分；对供暖、空调、生活热水和给排水主机房（如锅炉房、换热站、冷水机房、给排水泵房）内的电耗和燃料消耗进行计量，并对不同能源进行分类计量，得 3 分；对供暖、空调、生活热水和给排水主机房内的主要设备分别计量，得 3 分。
《绿色商店建筑评价标准》 GB/T 51100-2015	5.1.4 冷热源、输配系统和照明等各部分能耗应进行独立分项计量。

地方标准

名称	条文
《公共建筑绿色设计标准》 DGJ 08-2143-20**	10.5.1 新建大型公共建筑和政府办公建筑应建立建筑能耗计量系统，对水、电力、燃气、燃油、集中供热、集中供冷、可再生能源及其他用能类型进行分类和分项计量。 10.5.2 改建和扩建的公共建筑，对照明、电梯、空调、给水排水等系统的用电能耗宜应进行分项、分区、分户的计量。
《住宅建筑绿色设计标准》 DGJ 08-2139-20**	10.3.1 住宅建筑住户及公共部位用电负荷均应分别设置计量装置。

技术细则

名称	条文
《绿色数据中心评价技术细则》 住建部 2015 年 12 月版	5.1.3 信息设备、冷热源、输配系统和照明等各部分能耗应进行独立分项计量。
《绿色超高层建筑评价技术细则》 （修订版征求意见稿） 住建部 2016 年 5 月	5.1.7 建筑能耗应按用途和区域进行独立分项计量。
《绿色养老建筑评价技术细则》 （征求意见稿）住建部 2016 年 8 月	5.1.3 老年人住宅和老年人公寓应采用分套分类计量收费，养老设施的冷热源、输配系统和照明等各部分能耗应进行独立分项计量。

> **实施途径** 1. 公共建筑的冷热源、输配系统等各部分能耗应进行独立分项计量，并符合上海市现行标准《公共建筑用能监测系统技术规程》DGJ 08-2068-2017 的相关规定。
> 2. 住宅建筑住户及公共部位用电负荷均应分别设置计量装置。

设计文件

暖通空调专业施工图及设计说明，计算书、分项计量记录等。

1.2 合理选择和优化供暖、通风与空调系统

> **设计要点** 应从合理确定系统形式、选用高效设备和适当应用节能技术等多方面综合考虑，使暖通空调系统能耗较参照建筑降低。

相关标准

国家标准

名称	条文
《绿色建筑评价标准》 GB/T 50378-2014	5.2.6 合理选择和优化供暖、通风与空调系统，评价总分值为 10 分，根据系统能耗的降低幅度按表 5.2.6 的规则评分（略）。 注：依据赋分方式，供暖、通风与空调系统能耗降低幅度达到 5%，得 3 分；达到 10%，得 7 分；达到 15%，得 10 分。 5.2.7 采取措施降低过渡季节供暖、通风与空调系统能耗，评价分值为 6 分。 5.2.8 采取措施降低部分负荷、部分空间使用下的供暖、通风与空调系统能耗，评价总分值为 9 分，并按下列规则分别评分并累计： 1 区分房间的朝向，细分供暖、空调区域，对系统进行分区控制，得 3 分； 2 合理选配空调冷、热源机组台数与容量，制定实施根据负荷变化调节制冷（热）量的控制策略，且空调冷源的部分负荷性能符合现行国家标准《公共建筑节能设计标准》GB 50189 的规定，得 3 分； 3 水系统、风系统采用变频技术，且采取相应的水力平衡措施，得 3 分。
《绿色博览建筑评价标准》 GB/T 51148-2016	5.2.7 博物馆建筑的恒温恒湿房间设置在地下室或者建筑内区，减少室外气候对室内环境的影响，得 2 分；恒温恒湿的范围及其室内基准参数和精度要求应根据工艺要求确定合理、恰当，得 2 分。评价总分值为 4 分。 5.2.8 展览建筑的日常办公和展览空间的暖通空调系统分别独立设置，得 3 分；在严寒或寒冷地区，展览空间在冬季非使用时间设置值班供暖系统或防冻措施，得 2 分。评价总分值为 5 分。 5.2.9 合理选择和优化供暖、通风与空调系统，采取有效措施降低暖通空调系统能耗，评价总分值为 12 分，按下列规则分别评分并累计： 1 区分房间的朝向，按不同的室内环境要求、不同的使用时间、调节要求划分并设置空调系统，得 2 分； 2 通过 CFD 模拟技术，超过 8m 的高大空间合理采用地板采暖或 / 和分层空调、置换通风的采暖空调形式，得 2 分； 3 在严寒或寒冷地区，外区设置供暖系统在非工作时间实现值班供暖，得 2 分； 4 公共空间在过渡季节应设置可变新风量通风系统，或机械通风系统，得 2 分； 5 公共空间在冬夏季设计工况下能够按照实际使用人数调整最小新风量，得 2 分； 6 排风热回收系统设计合理并运行可靠，得 2 分； 7 采用其他有效降低暖通空调系统能耗的措施，得 2 分。 5.2.10 通过优化建筑节能设计，并合理选择供暖、通风与空调系统，采取各种暖通空调节能措施，使暖通空调系统能耗较参照建筑降低幅度达到 5%，得 2 分；达到 10%，得 4 分；达到 15%，得 6 分。评价总分值为 6 分。 5.2.11 合理选配空调冷、热源机组台数与容量，得 2 分；根据建筑物的使用特性，分别给出不同使用工况条件下合理的系统运行策略，得 2 分。评价总分值为 4 分。

名称	条文
《绿色饭店建筑评价标准》 GB/T 51165-2016	5.2.4 合理选择和优化供暖、通风与空调系统，评价总分值为 10 分，根据供暖空调系统节能率按表 5.2.4 的规则评分（略）。 注：依据赋分方式，供暖空调系统节能率达到 3%，得 2 分；达到 6%，得 4 分；达到 9%，得 6 分；达到 12%，得 8 分；达到 15%，得 10 分。 5.2.7 采取措施降低过渡季节供暖、通风与空调系统能耗，评价总分值为 5 分，按下列规则分别评分并累计： 1 全空气系统可增大新风比运行，得 1 分；可实现全新风运行，得 2 分； 2 非空调季采用免费供冷技术，累计供冷负荷达到非空调冷负荷 50%，得 1 分；达到 80%，得 2 分； 3 采用其他过渡季节节能措施，得 1 分。 5.2.8 采取措施降低部分负荷、部分空间使用下的供暖、通风与空调系统能耗，评价总分值为 8 分，按下列规则分别评分并累计： 1 区分房间的朝向，细分供暖、空调区域，对系统进行分区控制，得 2 分； 2 合理选配空调冷、热源机组台数与容量，制定实施根据负荷变化调节制冷（热）量的控制策略，得 1.5 分； 3 空调冷源的部分负荷性能符合现行国家标准《公共建筑节能设计标准》GB 50189 的规定，得 1.5 分； 4 水系统、风系统采用变频技术，得 1.5 分； 5 且采取相应的水力平衡措施，得 1.5 分。
《绿色商店建筑评价标准》 GB/T 51100-2015	5.2.8 合理选择和优化供暖、通风与空调系统，评价总分值为 10 分，根据系统能耗的降低幅度按表 5.2.8 的规则评分（略）。 注：依据赋分方式，供暖、通风与空调系统能耗降低幅度达到 5%，得 3 分；达到 10%，得 7 分；达到 15%，得 10 分。 5.2.9 采取措施降低过渡季节供暖、通风与空调系统能耗，评价分值为 6 分。 5.2.10 采取措施降低部分负荷、部分空间使用下的供暖、通风与空调系统能耗，评价总分值为 9 分，按下列规则分别评分并累计： 1 区分房间的朝向，细分供暖、空调区域，对系统进行分区控制，得 3 分； 2 合理选配空调冷、热源机组台数与容量，制定实施根据负荷变化调节制冷（热）量的控制策略，且空调冷源的部分负荷性能符合现行国家标准《公共建筑节能设计标准》GB 50189 的规定，得 3 分； 3 水系统、风系统采用变频技术，且采取相应的水力平衡措施，得 3 分。

名称	条文
《公共建筑绿色设计标准》 DGJ 08-2143-20**	9.2.1 空调与供暖系统冷热源的选择应结合方案阶段的绿色建筑策划，通过技术经济比较而合理确定，应遵循下列原则： 1 优先采用可供利用的废热、电厂或其他工业余热作为热源； 2 合理利用可再生能源； 3 合理采用分布式热电冷联供应技术。 4 合理采用蓄冷蓄热系统。 9.2.2 空调设备容量和数量的确定，应符合下列规定： 1 空调冷热源、空气处理设备、空气与水输送设备的容量应以冷、热负荷和水力计算结果为依据； 2 设备选择应考虑容量和台数的合理匹配，且空调冷源的部分负荷性能应符合上海市现行标准《公共建筑节能设计标准》GB 50189 的规定。 9.2.3 空调、供暖系统冷热源设备的能效均应符合上海市现行标准《公共建筑节能设计标准》DGJ 08-107 中相关规定。 9.2.4 建筑物有较大内区，且过渡季和冬季内区有稳定和足够的余热量以及同时有供冷和供暖要求时，通过技术经济比较合理时，宜采用水环热泵等具有热回收功能的空调系统。 9.2.5 当建筑物在过渡季和冬季有供冷需求时，宜利用冷却塔提供空调冷水，并采取相应的防冻措施。 9.2.6 燃气锅炉热水系统宜采用冷凝热回收装置或冷凝式炉型，并配置比例调节控制的燃烧器。
《住宅建筑绿色设计标准》 DGJ 08-2139-20**	9.2.7 住宅建筑不宜设置集中供暖与空调系统。当必须设置时，供暖、空调系统的分区和系统型式应根据房间功能、朝向、建筑空间形式、使用时间、控制和调节要求等合理确定。 9.2.8 设置集中空调冷热源时，应合理选配冷、热源机组容量与台数，并制定根据负荷变化调节制冷（热）量的控制策略。

技术细则

名称	条文
《绿色数据中心评价技术细则》 住建部 2015 年 12 月版	5.1.1 根据数据中心建设使用规划和运行负荷变化可能性，制冷空调系统在系统分区、设备选择、运行控制等方面应有部分负荷运行方案。 1 对主机房、辅助区、支持区和行政管理区，供暖空调系统末端应分区服务、分区控制。对于划分为多个子区间的主机房，空调系统末端应与子区间对应进行分区。 2 综合末端分区情况和建设规划，合理选配系统设备的台数与容量。集中式系统的电动压缩式制冷机组数量不宜小于两台。

名称	条文
《绿色数据中心评价技术细则》 住建部 2015 年 12 月版	3 水系统、风系统采用变流量技术，并制定适应负荷变化情况的系统整体控制策略。 5.1.6 对于严寒、寒冷、夏热冬冷和温和地区，制冷空调系统应设有利用自然冷源的技术措施。 5.2.15 数据中心辅助区和周边区域有供暖或生活热水需求时，宜设计能量综合利用方案，回收主机房空调系统的排热作为热源，宜采用热泵机组回收排热。满足如下规则之一可即可得分： 1 参评数据中心的供暖全部由热回收提供； 2 采暖季总余热回收利用率达到 30% 以上。 评价总分值：6 分。
《绿色超高层建筑评价技术细则》 （修订版征求意见稿） 住建部 2016 年 5 月	5.1.5 全空气空调系统应具有可变新风比功能，除塔楼外的所有全空气空调系统最大总新风比应不低于 50%。 5.2.7 合理选择和优化供暖、通风与空调系统。评价总分值为 10 分，按表 5.2.7 的规则评分（略）。 注：依据赋分方式，供暖、通风与空调系统能耗降低幅度达到 3%，得 2 分；达到 6%，得 4 分；达到 9%，得 6 分；达到 12%，得 8 分；达到 15%，得 10 分。 5.2.8 建筑物处于部分冷热负荷时和仅部分空间使用时，采取有效措施节约通风空调系统能耗。评价总分值为 10 分： 1 区分房间的朝向，细分供暖、空调区域，对系统进行分区控制，细分内外区，采取有效措施防止内外区冷热抵消，得 3 分； 2 合理选配空调冷、热源机组台数与容量，制定实施根据负荷变化调节制冷（热）量的控制策略，得 2 分； 3 空调冷源的部分负荷性能符合现行国家标准《公共建筑节能设计标准》GB 50189 的规定，得 2 分； 4 水系统、风系统采用变频技术，且采取相应的水力平衡措施，得 3 分。
《绿色养老建筑评价技术细则》 （征求意见稿） 住建部 2016 年 8 月	5.2.6 合理选择和优化供暖、通风与空调系统，评价总分值为 10 分，供暖、通风与空调系统能耗降低幅度达到 5%，得 5 分；达到 10%，得 7 分；达到 15%，得 10 分。

实施途径 合理选择和优化供暖、通风与空调系统的方法包括：区分房间的朝向，细分供暖、空调区域，对系统进行分区控制；合理选用供暖、通风与空调方式、空调冷、热源机组台数与容量，制定实施根据负荷变化调节制冷（热）量的控制策略，且空调冷源的部分负荷性能符合现行上海市《公共建筑节能设计标准》GB50189-2015 的规定。

1. 参照系统的设计新风量、冷热源、输配系统设备能效比等均应严格按照节能标准选取；

2. 对于采用分散式房间空调器，参照系统选用符合国家现行标准规定的 2 级产品；

3. 对于新风热回收系统，全热焓交换效率制冷不低于 50%，制热不低于 55%，显热温度交换效率制冷不低于 60%，制热不低于 65%，并需要考虑新风热回收耗电；

4. 对于一次泵，二次泵系统，参照系统为定频泵系统，

5. 对于风机系统，参照系统为定频风机；

6. 对于有多种能源形式的供暖、通风与空调系统，其能耗应折算为一次能源进行计算。

设计文件

暖通空调专业施工图及设计说明，分区控制策略、暖通空调能耗模拟计算书、部分负荷性能系数计算书等。

2 冷热源

2.1 合理选择冷、热源机组能

| **设计要点** | 供暖空调系统的冷、热源机组能效均应优于现行国家标准《公共建筑节能设计标准》GB 50189 的规定以及现行有关国家标准能效限定值的要求。 |

相关标准

国家标准

名称	条文
《绿色建筑评价标准》 GB/T 50378-2014	5.2.4 供暖空调系统的冷、热源机组能效均应优于现行国家标准《公共建筑节能设计标准》GB 50189 的规定以及现行有关国家标准能效限定值的要求，评价分值为 6 分。对电机驱动的蒸汽压缩循环冷水（热泵）机组，直燃型和蒸汽型溴化锂吸收式冷（温）水机组，单元式空气调节机、风管送风式和屋顶式空调机组，多联式空调（热泵）机组，燃煤、燃油和燃气锅炉，其能效指标比现行国家标准《公共建筑节能设计标准》GB 50189 规定值的提高或降低的幅度应满足表 5.2.4（略）的要求；对房间空气调节器和家用燃气热水炉，其能效等级需满足现行有关国家标准的节能评价值要求。

名称	条文
《绿色建筑评价标准》 GB/T 50378-2014	11.2.2 供暖空调系统的冷、热源机组能效均优于现行国家标准《公共建筑节能设计标准》GB 50189 的规定以及现行有关国家标准能效限定值的要求，评价分值为 1 分。对电机驱动的蒸汽压缩循环冷水（热泵）机组，直燃型和蒸汽型溴化锂吸收式冷（温）水机组，单元式空气调节机、风管送风式和屋顶式空调机组，多联式空调（热泵）机组，燃煤、燃油和燃气锅炉，其能效指标比现行国家标准《公共建筑节能设计标准》GB 50189 规定值的提高或降低幅度满足表 11.2.2（略）的要求；对房间空气调节器和家用燃气热水炉，其能效等级满足现行有关国家标准规定的 1 级要求。
《绿色博览建筑评价标准》 GB/T 51148-2016	5.2.5 供暖空调系统的冷、热源机组能效比现行国家标准《公共建筑节能设计标准》GB 50189 规定提高或降低的幅度应满足表 5.2.5（略）的要求，评价分值为 3 分。 11.2.4 供暖空调系统的冷、热源机组能效等级均比现行国家标准《公共建筑节能设计标准》GB 50189 的规定值或国家相关产品标准的能效限定值提高两个等级，评价分值为 1 分。
《绿色饭店建筑评价标准》 GB/T 51165-2016	5.2.5 供暖空调系统的冷、热源机组能效均优于现行国家标准《公共建筑节能设计标准》GB 50189 的规定以及现行有关国家标准能效限定值的要求。对电机驱动的蒸汽压缩循环冷水（热泵）机组，直燃型和蒸汽型溴化锂吸收式冷（温）水机组，单元式空气调节机、风管送风式和屋顶式空调机组，多联式空调（热泵）机组，燃煤、燃油和燃气锅炉，其能效指标比现行国家标准《公共建筑节能设计标准》GB 50189 规定值的提高或降低的幅度应满足表 5.2.5（略）的要求；对房间空气调节器和家用燃气热水炉，其能效等级满足现行有关国家标准的节能评价值要求。评价总分值为 5 分。 11.2.2 供暖空调系统的冷、热源机组能效均优于现行国家标准《公共建筑节能设计标准》GB 50189 的规定以及现行有关国家标准能效限定值的要求，评价分值为 1 分。对电机驱动的蒸汽压缩循环冷水（热泵）机组，直燃型和蒸汽型溴化锂吸收式冷（温）水机组，单元式空气调节机、风管送风式和屋顶式空调机组，多联式空调（热泵）机组，燃煤、燃油和燃气锅炉，其能效指标比现行国家标准《公共建筑节能设计标准》GB 50189 规定值的提高或降低幅度满足表 11.2.2（略）的要求；对房间空气调节器和家用燃气热水炉，其能效等级满足现行有关国家标准规定的 1 级要求。
《绿色医院建筑评价标准》 GB/T 51153-2015	5.2.4 用能建筑设备能效指标达到国家现行节能标准、法规的节能产品的规定。本条评价总分值为 15 分，并应按表 5.2.4 的规则评分（略）。 注：依据赋分方式，锅炉的额定热效率、占设计总冷负荷 85% 的空调制冷设备（冷水机组、单元空调机和多联机）的额定制冷效率满足现行国家标准《公共建筑节能设计标准》GB 50189 对节能产品的要求，得 7 分。变压器损耗符合现行国家标准《三相配电变压器能效限定值及节能评价值》GB 20052 节能评价值的要求，得 3 分。其他非消防系统使用的水泵、风机符合相关国家现行有关标准规定的节能产品的要求；额定功率 2.2kW 及以上电机符合现行国家标准《中小型三相异步电动机能效限定值及能效等级》GB 18613 节能产品的要求，得 3 分。

名称	条文
《绿色商店建筑评价标准》 GB/T 51100-2015	5.2.6 供暖空调系统的冷、热源机组能效均优于现行国家标准《公共建筑节能设计标准》GB 50189 的规定以及现行有关国家标准能效限定值的要求，评价分值为 5 分。对电机驱动的蒸汽压缩循环冷水（热泵）机组，直燃型和蒸汽型溴化锂吸收式冷（温）水机组，单元式空气调节机、风管送风式和屋顶式空调机组，多联式空调（热泵）机组，燃煤、燃油和燃气锅炉，其能效指标比现行国家标准《公共建筑节能设计标准》GB 50189 规定值提高或降低的幅度应满足表 5.2.6（略）的要求；对房间空气调节器和家用燃气热水炉，其能效等级满足现行有关国家标准的节能评价值要求。 11.2.2 供暖空调系统的冷、热源机组能效均优于现行国家标准《公共建筑节能设计标准》GB 50189 的规定以及现行有关国家标准能效限定值的要求，评价分值为 2 分。对电机驱动的蒸汽压缩循环冷水（热泵）机组，直燃型和蒸汽型溴化锂吸收式冷（温）水机组，单元式空气调节机、风管送风式和屋顶式空调机组，多联式空调（热泵）机组，燃煤、燃油和燃气锅炉，其能效指标比现行国家标准《公共建筑节能设计标准》GB 50189 规定值提高或降低的幅度应满足表 11.2.2（略）的要求；对房间空气调节器和家用燃气热水炉，其能效等级满足现行有关国家标准规定的 1 级要求。

地方标准

名称	条文
《公共建筑绿色设计标准》 DGJ 08-2143-20**	9.2.1 空调与供暖系统冷热源的选择应结合方案阶段的绿色建筑策划，通过技术经济比较而合理确定，并遵循下列原则： 1 优先采用可供利用的废热、电厂或其他工业余热作为热源； 2 合理利用可再生能源； 3 合理采用分布式热电冷联供技术。 4 合理采用蓄冷蓄热系统。 9.2.2 空调设备容量和数量的确定，应符合下列规定： 1 空调冷热源、空气处理设备、空气与水输送设备的容量应以冷、热负荷和水力计算结果为依据； 2 设备选择应考虑容量和台数的合理匹配，且空调冷源的部分负荷性能应符合上海市现行标准《公共建筑节能设计标准》GB 50189 的规定。 9.2.3 空调、供暖系统冷热源设备的能效均应符合上海市现行标准《公共建筑节能设计标准》DGJ08-107 中相关规定。 9.2.4 建筑物有较大内区，且过渡季和冬季内区有稳定和足够的余热量以及同时有供冷和供暖要求时，通过技术经济比较合理时，宜采用水环热泵等具有热回收功能的空调系统。 9.2.5 当建筑物在过渡季和冬季有供冷需求时，宜利用冷却塔提供空调冷水，并采取相应的防冻措施。 9.2.6 燃气锅炉热水系统宜采用冷凝热回收装置或冷凝式炉型，并配置比例调节控制的燃烧器。

名称	条文
《住宅建筑绿色设计标准》 DGJ 08-2139-20**	9.2.3 房间空调器、单元式空调机、多联式空调热泵机组及电机驱动压缩机的冷水（热泵）机组的制冷性能系数应符合上海市现行标准《居住建筑节能设计标准》DGJ08-205 的规定。 9.2.4 采用燃气热源设备时，其热效率应满足上海市现行标准《居住建筑节能设计标准》DGJ08-205 的相关要求。 9.2.5 在冬季设计工况下，空气源热泵冷热水机组的运行平均制热性能系数（COP）不应低于 2.00。 9.2.6 空气源热泵机组室外机的设置应符合下列规定： 1 通风良好、吸入与排出空气不发生明显短路，并安全可靠； 2 远离高温或含腐蚀性、油雾等排放气体； 3 机组运行的噪声和排出气流应符合周围环境要求。

技术细则

名称	条文
《绿色数据中心评价技术细则》 住建部 2015 年 12 月版	5.2.4 供暖空调系统的冷热源机组能效优于现行国家标准《公共建筑节能设计标准》GB 50189 的规定以及现行有关国家标准能效限定值的要求。按下列规则分别评分并累计： 1 电机驱动的蒸汽压缩循环冷水（热泵）机组、直燃型溴化锂吸收式冷水机组的性能系数提高 6% 以上，得 5 分； 2 单元式空气调节机组、风管送风式和屋顶式空气调节机组的能效比提高 6% 以上，得 5 分； 3 多联式空调机组的制冷综合性能系数提高 8% 以上，得 3 分； 4 蒸汽型溴化锂吸收式冷（温）水机组的单位制冷量蒸汽耗量降低 6% 以上，得 3 分； 5 燃煤型锅炉的额定热效率提高 3% 以上，燃油燃气型锅炉的额定热效率提高 2% 以上，得 3 分。 评价总分值：19 分。
《绿色超高层建筑评价技术细则》 （修订版征求意见稿） 住建部 2016 年 5 月	5.2.5 冷热源机组能效均高于现行国家标准《公共建筑节能设计标准》及相关标准的规定。评价总分值为 6 分，按表 5.2.5 的规则评分（略）。 11.2.2 供暖空调系统的冷、热源机组的能源效率在满足 5.2.5 条的基础上再优化，评价分值为 1 分。
《绿色养老建筑评价技术细则》 （征求意见稿） 住建部 2016 年 8 月	5.2.4 供暖空调系统的冷、热源机组能效均优于现行国家标准《公共建筑节能设计标准》GB 50189 的规定以及现行有关国家标准能效限定值的要求，评价总分值为 5 分，并按下表规则评分（略）。 11.2.2 供暖空调系统的冷、热源机组能效均优于现行国家标准《公共建筑节能设计标准》GB 50189 的规定以及现行有关国家标准能效限定值的要求。评价总分值为 1 分，并按下表规则评分（略）。

实施途径	1. 冷热源设备额定工况下的能效，表示该设备在规定使用条件下的能源利用或转换效率。
	2. 选用冷热源设备时，不仅要注明额定工况下的能效比，还应关注在具体工程的设计工况或实际使用工况下的性能，应比较、选择在具体工程的设计工况或实际使用工况下相对性能系数高的产品。

设计文件

暖通空调专业施工图及设计说明，冷、热源机组能效指标、冷热源机组产品说明、产品型式检验报告、运行记录等。

2.2 合理采用分布式热电冷联供、蓄冷蓄热技术

设计要点	采用分布式热电冷联供、蓄冷蓄热技术，必须进行技术与经济论证。

相关标准

国家标准

名称	条文
《绿色建筑评价标准》 GB/T 50378-2014	11.2.3 采用分布式热电冷联供技术，系统全年能源综合利用率不低于 70%，评价分值为 1 分。
《绿色饭店建筑评价标准》 GB/T 51165-2016	11.2.3 采用分布式热电冷联供技术，系统全年能源综合利用率不低于 70%，评价分值为 1 分。
《绿色商店建筑评价标准》 GB/T 51100-2015	11.2.3 合理采用蓄冷蓄热技术，且蓄能设备提供的设计日冷量或热量达到 30%，评价分值为 1 分。

地方标准

名称	条文
《公共建筑绿色设计标准》 DGJ 08-2143-20**	9.2.1 空调与供暖系统冷热源的选择应结合方案阶段的绿色建筑策划，通过技术经济比较而合理确定，应遵循下列原则： 1 优先采用可供利用的废热、电厂或其他工业余热作为热源； 2 合理利用可再生能源； 3 合理采用分布式热电冷联供技术。 4 合理采用蓄冷蓄热系统。

技术细则

名称	条文
《绿色数据中心评价技术细则》 住建部 2015 年 12 月版	11.2.2 采用分布式热电冷联供技术，系统全年能源综合利率不低于 70%。 评价分值为 1 分。 全年能源综合利用率按照《燃气冷热电三联供工程技术规程》CJJ145-2010 第 3.3.5 条的规定计算。 评价总分值：1 分。
《绿色超高层建筑评价技术细则》 （修订版征求意见稿） 住建部 2016 年 5 月	11.2.3 热电冷三联供，且能源综合利用率大于 75%，评价分值为 1 分。
《绿色养老建筑评价技术细则》 （征求意见稿） 住建部 2016 年 8 月	11.2.3 采用分布式热电冷联供技术，系统全年能源综合利用率不低于 70%。评价分值为 1 分。

实施途径　1. 应用分布式热电冷三联供技术，必须进行技术与经济论证，从负荷预测、系统配置、运行模式、经济和环保效益等多方面对方案做可行性分析，原则是：以热定电，热电平衡，全年运行时间数不小于 3000h，能源利用效率需达 70% 以上。对于单一功能建筑或对热有需求的建筑，可采用热电二联供方式，对"冷"不做强制要求，运行小时数和能源利用率要求不小于三联供系统。

2. 蓄能设施虽自身不节能，但上海市有分时电价政策，可为用户节省空调系统的运行费用，提高电厂和电网的综合效率。设计需保证：蓄冷系统提供的冷量至少达到设计日冷量的 30%；当采用电蓄热时，应利用夜间低谷电进行蓄热，不仅能满足室内人员舒适的要求，也可避免片面追求过高标准而造成的能源浪费。

目前，上海市用户用电装机容量在 100kVA 以上的一般采用两部制电价，10kV 峰时段 1.222 元 / k·Wh，谷时段 0.364 元 / k·Wh，峰谷电价差 3.35 元。

设计文件

暖通空调专业施工图及设计说明，分布式热电冷联供、蓄冷蓄热技术应用分析报告，冷、热源机组能效指标、冷热源机组产品说明、产品型式检验报告、运行记录等。

3 水系统与风系统

3.1 集中供暖系统热水循环泵的耗电输热比和通风空调系统风机的单位风量耗功率符合现行国家标准《公共建筑节能设计标准》GB 50189 等的有关规定

设计要点	耗电输热比计算时，默认为 5℃ 温差系统，如果采用温差并非 5℃，应按温差比值分析输配能耗变化情况。

相关标准

国家标准

名称	条文
《绿色建筑评价标准》 GB/T 50378-2014	5.2.5 集中供暖系统热水循环泵的耗电输热比和通风空调系统风机的单位风量耗功率符合现行国家标准《公共建筑节能设计标准》GB 50189 等的有关规定，且空调冷热水系统循环水泵的耗电输冷（热）比比现行国家标准《民用建筑供暖通风与空气调节设计规范》GB 50736 规定值低 20%，评价分值为 6 分。
《绿色博览建筑评价标准》 GB/T 51148-2016	5.2.6 集中供暖系统热水循环泵的耗电输热比和通风空调系统风机的单位风量耗功率符合现行国家标准《公共建筑节能设计标准》GB 50189 等的有关规定，且空调冷热水系统循环水泵的耗电输冷（热）比比现行国家标准《民用建筑供暖通风与空气调节设计规范》GB 50736 规定值低 20%，评价分值为 5 分。
《绿色饭店建筑评价标准》 GB/T 51165-2016	5.2.6 集中供暖系统热水循环泵的耗电输热比和通风空调系统风机的单位风量耗功率符合现行国家标准《公共建筑节能设计标准》GB 50189 的有关规定，且空调冷热水系统循环水泵的耗电输冷（热）比比现行国家标准《民用建筑供暖通风与空气调节设计规范》GB 50736 规定值低 20%，评价分值为 5 分。
《绿色医院建筑评价标准》 GB/T 51153-2015	5.2.3 减少电气、供暖、通风和空调系统输配能耗。本条评价总分值为 9 分，并应按表 5.2.3 的规则评分（略）。 注：依据赋分方式，变配电室靠近负荷中心，得 3 分；供暖、供冷水系统或制冷剂系统的输配能耗低于国家现行节能标准要求限值 10% 以上，得 3 分；空调、通风风道系统的输配能耗低于国家现行节能标准要求限值 10% 以上，得 3 分。
《绿色商店建筑评价标准》 GB/T 51100-2015	5.2.7 集中供暖系统热水循环泵的耗电输热比和通风空调系统风机的单位风量耗功率符合现行国家标准《公共建筑节能设计标准》GB 50189 等的有关规定，且空调冷热水系统循环水泵的耗电输冷（热）比比现行国家标准《民用建筑供暖通风与空气调节设计规范》GB 50736 规定值低 20%，评价分值为 6 分。

名称	条文
《公共建筑绿色设计标准》DGJ 08-2143-20**	9.3.2 在选配空调冷热水循环泵和供暖热水循环泵时，应计算循环水泵的耗电输冷（热）比 EC（H）R-a，EC（H）R-a 值应满足上现海市标准《公共建筑节能设计标准》DGJ08-107 中相关规定。水泵应满足国家现行标准《清水离心泵能效定值及节能评价值》GB 19762 的节能评价值要求。 9.4.5 通风、空调系统风机的单位风量耗功率应符合上海市现行标准《公共建筑节能设计标准》DGJ08-107-2015 中的相关规定。风机应满足国家现行标准《通风机能效限定值及能效等级》GB 19761 的节能评价值要求。
《住宅建筑绿色设计标准》DGJ 08-2139-20**	9.3.1 分体式空调机组的室外机应设置在离室内机较近的位置；室内、外机的高差与配管长度应在机组技术条件允许的范围内。多联式空调（热泵）系统的制冷剂管道长度应满足对应制冷工况下满负荷性能系数不低于 2.8。 9.3.2 集中空调系统的供回水系统设计应满足下列要求： 1 除温湿度独立调节的显热处理系统外，电制冷空调冷水系统的供回水温差不应小于 5℃； 2 除利用低温废热或热泵系统外，空调热水系统的供回水温差不宜小于 10℃； 3 设计工况下并联环路之间压力损失的相对差值大于 15% 时，应采取水力平衡措施； 4 当系统较大时，宜采用变频泵，实现变水量运行。 9.3.3 集中通风及空调风系统的单位风量耗功率和冷热水循环系统的耗电输热比，应符合上海市现行标准《公共建筑节能设计标准》DGJ08-107 的规定。

名称	条文
《绿色数据中心评价技术细则》住建部 2015 年 12 月版	5.2.5 集中供暖系统热水循环泵的耗电输热比符合现行国家标准《公共建筑节能设计标准》GB 50189 的有关规定；空调冷热水系统循环水泵的耗电输冷（热）比比现行国家标准《民用建筑供暖通风与空气调节设计规范》GB 50736 规定值低 20% 以上；通风空调系统风机的单位风量耗功率符合国家标准《公共建筑节能设计标准》GB 50189 的规定。按下列规则分别评分并累计： 1 集中供暖系统热水循环泵耗电输热比达到条文要求，得 3 分； 2 空调冷热水系统循环水泵耗电输冷（热）比达到条文要求，得 3 分； 3 通风空调系统风机单位风量耗功率达到条文要求，得 3 分。 评价总分值：9 分。

名称	条文
《绿色超高层建筑评价技术细则》 （修订版征求意见稿） 住建部 2016 年 5 月	5.1.4 集中供暖系统热水循环泵的耗电输热比和通风空调系统冷（热）水系统的耗电输冷（热）比符合现行国家批准或备案的相关节能标准的规定。 5.2.6 集中供暖系统热水循环泵的耗电输热比和通风空调系统风机的单位风量耗功率符合现行国家标准《公共建筑节能设计标准》GB 50189 的规定，空调冷热水系统循环水泵的耗电输冷（热）比与现行国家标准《民用建筑供暖通风与空气调节设计规范》GB 50736 规定值相比降低 20%，评价总分值为 8 分，按表 5.2.6 的规则评分（略）。
《绿色养老建筑评价技术细则》 （征求意见稿） 住建部 2016 年 8 月	5.2.5 集中供暖系统热水循环泵的耗电输热比和通风空调系统风机的单位风量耗功率符合现行国家标准《公共建筑节能设计标准》GB 50189 等的有关规定，且空调冷热水系统循环水泵的耗电输冷（热）比比现行国家标准《民用建筑供暖通风与空气调节设计规范》GB 50736 规定值低 20%，评价分值为 6 分。

实施途径	1. 空调冷热水系统循环水泵的耗电输冷（热）比需要比现行国家标准《民用建筑供暖通风与空气调节设计规范》GB 50736-2012 的要求低 20% 以上。 2. 精细化设计中的管道低阻设计方法也有很好的节能作用。

设计文件

暖通空调专业施工图及设计说明，风机的单位风量耗功率、空调冷热水系统的耗电输冷（热）比、集中供暖系统热水循环泵的耗电输热比的计算书。

3.2 供暖空调系统末端现场可独立调节

设计要点	主要功能房间供暖、空调末端装置可独立启停。

相关标准

国家标准

名称	条文
《绿色建筑评价标准》 GB/T 50378-2014	8.2.9 供暖空调系统末端现场可独立调节，评价总分值为 8 分。供暖、空调末端装置可独立启停的主要功能房间数量比例达到 70%，得 4 分；达到 90%，得 8 分。

名称	条文
《绿色博览建筑评价标准》 GB/T 51148-2016	8.2.10 供暖空调系统末端独立调节方便、有利于改善人员舒适性，评价总分值为 8 分，按下列规则评分： 1 70% 及以上的主要功能房间的供暖、空调末端装置可独立启停和调节室温得 4 分； 2 90% 及以上的主要功能房间满足上述要求，得 8 分。
《绿色饭店建筑评价标准》 GB/T 51165-2016	8.2.8 供暖空调系统末端现场可独立调节，评价总分值为 8 分，按下列规则分别评分并累计： 1 所有客房的供暖、空调末端装置可独立启停和调节，得 4 分； 2 其他主要功能区域 90% 及以上房间的供暖、空调末端装置可独立启停和调节，得 4 分。
《绿色医院建筑评价标准》 GB/T 51153-2015	8.1.5 医院建筑内所有有人员长期停留的场所有保障各房间新风量的通风措施。新风量应能调节，并应符合现行国家标准《综合医院建筑设计规范》GB 51039 的有关规定。
《绿色商店建筑评价标准》 GB/T 51100-2015	8.2.8 供暖空调系统末端现场可独立调节，评价总分值为 10 分。供暖、空调末端装置可独立启停的主要房间数量比例达到 70%，得 5 分；达到 90%，得 10 分。

地方标准

名称	条文
《公共建筑绿色设计标准》 DGJ 08-2143-20**	9.3.1 空调水系统供回水温度的设计应满足下列要求： 1 除温湿度独立控制系统和空气源热泵系统外，电制冷空调冷水系统的供回水温差不应小于 6℃； 2 空调热水系统的供水温度不应高于 60℃。除利用低温废热、直燃型溴化锂吸收式机组或热泵系统外，空调热水系统的供回水温差不应小于 10℃。 9.3.3 建筑物处于部分冷热负荷时和仅部分空间使用时，应采取下列有效措施降低空调水系统能耗： 1 采用一级泵空调水系统时，在满足冷水机组安全运行的前提下，宜采用变频水泵； 2 在采用二级泵或多级泵系统时，负荷侧的水泵应采用变频水泵； 3 空调水系统设计时，应保证并联环路间的压力损失相对差额不大于 15%；超过时应采取有效的水力平衡措施。 9.4.3 空调系统宜根据服务区域的功能、建筑朝向、内区或外区等因素进行细分，并对系统进行分区控制。

名称	条文
《住宅建筑绿色设计标准》 DGJ 08-2139-20**	9.4.1 起居室、卧室等主要功能房间供暖、通风与空调工况下的气流组织满足热环境参数设计要求。 9.4.2 室内应形成合理的气流流向，应避免卫生间、餐厅、地下车库等区域的空气和污染物串通到其他空间或室外活动场所。 9.4.3 应合理设计排风能量回收系统。 9.4.4 户内居室房间采取安全、有效的空气处理措施。

技术细则

名称	条文
《绿色数据中心评价技术细则》 住建部 2015 年 12 月版	5.2.6 机房内空调末端采用风系统时，应对送风管道、送风地板架空层的楼板或地面采取必要的保冷措施。保冷层材料与厚度按照《设备及管道绝热设计导则》GB/T 8175 和《民用建筑供暖通风与空气调节设计规范》GB 50736-2012 的相关规定确定。按下列规则分别评分并累计： 1 采用地板送风时，对楼板采取了保冷措施，得 3 分； 2 采用风管送风时，对送风管道采取了保冷措施，得 3 分。 评价总分值：6 分。 5.2.7 对于高热密度机房，应采取专项解决方案。评价分值为 6 分。 对于单机架功率 >5kW 的机柜设有专项解决措施的，得 6 分。 评价总分值：6 分。
《绿色超高层建筑评价技术细则》 （修订版征求意见稿） 住建部 2016 年 5 月	8.2.10 供暖空调系统末端现场可独立调节，评价总分值为 8 分。供暖、空调末端装置可独立调节的主要功能房间数量比例达到 50%，得 2 分；达到 70%，得 5 分；达到 90%，得 8 分。
《绿色养老建筑评价技术细则》 （征求意见稿） 住建部 2016 年 8 月	5.2.11 除大堂、多功能厅、宴会厅、剧场、体育场等采用定风量全空气空调系统的大空间外，采暖、空调系统末端调节方便，有利于改善人员舒适性。评价分值为 6 分。

实施途径 1. 目前，由于冷水机组和末端空调设备性能已大为提高，因此加大空调供回水温差，可减小冷热水流量，节省输送能耗及管材，因此将冷水供回水温差从通常的 5℃增大到 6℃及以上，最小热水供回水温差定为 10℃。

2. 空调水系统布置和选择管径时，尽量减少并联环路间压力损失的相对差值。当超过 15% 时，设置水力平衡阀可以起到较好的平衡调节作用。

设计文件

暖通空调专业施工图及设计说明。

3.3 气流组织合理

设计要点 优化建筑空间、平面布局和构造设计，改善通风、空调的气流组织效果。

相关标准

国家标准

名称	条文
《绿色建筑评价标准》 GB/T 50378-2014	8.2.10 优化建筑空间、平面布局和构造设计，改善自然通风效果，评价总分值为 13 分，并按下列规则评分： 1 居住建筑：按下列 2 项的规则分别评分并累计： 1）通风开口面积与房间地板面积的比例在夏热冬暖地区达到 10%，在夏热冬冷地区达到 8%，在其他地区达到 5%，得 10 分； 2）设有明卫，得 3 分。 2 公共建筑：根据在过渡季典型工况下主要功能房间平均自然通风换气次数不小于 2 次 /h 的数量比例，按表 8.2.10 的规则评分，最高得 13 分（略）。 注：依据赋分方式，公共建筑过渡季典型工况下主要功能房间自然通风的面积比例达到 60%，得 6 分；达到 65%，得 7 分；达到 70%，得 8 分；达到 75%，得 9 分；达到 80%，得 10 分；达到 85%，得 11 分；达到 90%，得 12 分；达到 95%，得 13 分。 8.2.11 气流组织合理，评价总分值为 7 分，并按下列规则分别评分并累计： 1 重要功能区域供暖、通风与空调工况下的气流组织满足热环境参数设计要求，得 4 分； 2 避免卫生间、餐厅、地下车库等区域的空气和污染物串通到其他空间或室外活动场所，得 3 分。
《绿色博览建筑评价标准》 GB/T 51148-2016	8.2.11 建筑空间平面和构造设计采取优化措施，改善有自然通风需求的主要功能房间自然通风效果，评价总分值为 10 分，按下列规则评分： 1 建筑在过渡季典型工况下，不少于 60% 的有自然通风需求的主要功能房间的平均自然通风换气次数不小于 2 次 /h，得 6 分；达标房间比例每提高 10%，得分增加 1 分； 2 通过机械通风辅助措施，满足不少于 60% 的主要功能房间的平均通风换气次数不小于 2 次 /h，得 6 分。 8.2.12 气流组织合理，评价总分值为 7 分，按下列规则分别评价并累计： 1 对重要功能的高大空间区域进行气流组织数值模拟计算辅助优化设计，气流组织满足热环境参数设计要求，得 5 分； 2 避免卫生间、餐厅、地下车库等区域的空气和污染物串通到其他空间或室外主要活动场所，得 2 分。

名称	条文
《绿色饭店建筑评价标准》 GB/T 51165-2016	5.2.9 厨房通风系统设计合理，节能高效，评价总分值为 2 分，按下列规则分别评分并累计。 1 通风量计算合理，得 0.5 分； 2 气流组织设计合理，得 0.5 分； 3 系统分区及调节合理，得 0.5 分； 4 风机选型及设置合理，得 0.5 分。 8.2.9 优化建筑空间、平面布局和构造设计，改善室内自然通风效果，评价总分值为 10 分，按下列规则分别评分并累计。 1 客房区域：根据过渡季典型工况下，平均自然通风换气次数不小于 2 次 /h 的房间数量比例，按表 8.2.9-1 的规则评分（略）。 注：依据赋分方式，客房区域过渡季自然通风的客房间数量比例达到 70%，得 3 分；达到 80%，得 4 分；达到 90%，得 5 分。 2 其他主要功能区域：根据过渡季典型工况下，平均自然通风换气次数不小于 2 次 /h 的房间面积比例，按表 8.2.9-2 的规则评分（略）。 注：依据赋分方式：其他主要功能区域过渡季自然通风的房间面积比例达到 50%，得 3 分；达到 70%，得 4 分；达到 90%，得 5 分。 8.2.10 气流组织合理，评价总分值为 6 分，按下列规则分别评价并累计： 1 重要功能区域供暖、通风与空调工况下的气流组织满足热环境参数设计要求，得 4 分； 2 避免卫生间、餐厅、地下车库等区域的空气和污染物串通到其他空间或室外主要活动场所，得 2 分。
《绿色医院建筑评价标准》 GB/T 51153-2015	8.1.5 医院建筑内所有有人员长期停留的场所有保障各房间新风量的通风措施。新风量应能调节，并应符合现行国家标准《综合医院建筑设计规范》GB 51039 的有关规定。 8.2.8 集中空调系统和风机盘管机组回风口，采用低阻力、高效率的净化设备。本条评价总分值为 6 分，并应按表 8.2.8 的规则评分（略）。 注：依据赋分方式，集中空调系统回风口采用低阻力、高效率的净化设备，得 3 分；风机盘管机组回风口采用低阻力、高效率的净化设备，得 3 分。
《绿色商店建筑评价标准》 GB/T 51100-2015	8.2.9 优化建筑空间、平面布局和构造设计，改善自然通风效果，评价总分值为 10 分。 8.2.10 室内气流组织合理，评价总分值为 8 分，按下列规则分别评分并累计： 1 重要功能区域供暖、通风与空调工况下的气流组织满足热环境参数设计要求，得 4 分； 2 避免卫生间、餐厅、厨房、地下车库等区域的空气和污染物串通到其他空间或室外活动场所，得 3 分。

地方标准

名称	条文
《公共建筑绿色设计标准》 DGJ 08-2143-20**	9.4.1 集中空调系统宜合理利用排风对新风进行预热（预冷）处理，降低新风负荷。 9.4.2 在过渡季和冬季，当房间有供冷需要时，应优先利用室外新风供冷。 9.4.3 空调系统宜根据服务区域的功能、建筑朝向、内区或外区等因素进行细分，并对系统进行分区控制。 9.4.4 在空调箱内应配置符合要求的两级空气过滤装置。
《公共建筑绿色设计标准》 DGJ 08-2143-20**	9.4.6 产生异味或污染物的房间或区域，应设置机械通风系统，并维持与相邻房间的相对负压。排风应直接排到室外。厨房、垃圾间、隔油间等应设置除异味装置。 9.4.7 机械通风与空调系统中的风机宜采用变流量运行控制，以保证控制对象在合理的范围内。 1 全空气变风量空调机组的风机，应采用变频调速装置； 2 服务于人员密集场所的单台风机风量≥ 10000m³/h 的空调机组，宜采用变频调速风机； 3 机械通风系统的单台风机风量≥ 10000m³/h 时，宜采用变频调速风机或多台运行的变流量控制。 9.4.8 建筑内大型、特殊的中庭、体育馆、剧场、展厅、大宴会厅等，或对于气流组织有特殊要求的区域，应进行合理的气流组织分析。当室内空间高度不小于 10m，且体积大于 10000m³ 时，宜采用辐射供暖供冷或分层空气调节系统。

技术细则

名称	条文
《绿色数据中心评价技术细则》 住建部 2015 年 12 月版	8.2.1 主机房内气流组织合理。按下列规则分别评分并累计： 1 采取分离冷热通道的机柜布置方式，得 6 分； 2 在机柜上未摆放服务器的位置加装盲板，减少热空气回流和冷空气旁通，得 6 分； 3 对于高热密度机房或机房中高发热量的个别机柜采取专项解决方案，得 6 分； 4 采用了背板等针对机柜冷却的局部冷却方式，减少或避免室内冷热气流掺混，得 6 分。 评价总分值：24 分 8.2.2 减少空调送风与室内热气流的掺混，使空调送出的冷空气更直接有效的到达设备进风口处。评分规则如下： 1 信息设备最高进风温度与空调送风温度之差小于 8℃，得 6 分； 2 信息设备最高进风温度与空调送风温度之差小于 6℃，得 9 分；

名称	条文
《绿色数据中心评价技术细则》 住建部 2015 年 12 月版	3 信息设备最高进风温度与空调送风温度之差小于 4℃，得 12 分。 评价总分值：12 分。 8.2.4 避免外界不符合控制要求的气体进入主机房，影响室内环境。按下列规则分别评分并累计： 1 主机房内保持正压，得 9 分； 2 主机房内没有窗，或者所有门窗都采取了防渗风的密闭措施，室内具有较高的密闭性，得 9 分； 3 主机房内风道穿墙等地方采取了封堵措施，避免漏风，得 9 分。 评价总分值：27 分。 8.2.5 降低室外空气中硫化物对室内环境的影响。评价分值为 5 分： 对于大气环境中硫化物含量较高的地区，机房的新风系统中采取了针对硫化物的空气处理措施，得 5 分。 评价总分值：5 分。
《绿色超高层建筑评价技术细则》 （修订版征求意见稿） 住建部 2016 年 5 月	8.2.11 优化建筑空间、平面布局和构造设计，改善自然通风效果，评价总分值为 10 分。根据在过渡季典型工况下主要功能房间平均自然通风换气次数不小于 2 次 /h 的数量比例，按表 8.2.11 的规则评分，最高得 10 分（略）。 注：依据赋分方式，公共建筑过渡季典型工况下主要功能房间自然通风的房间数量比例达到 60%，得 3 分；达到 65%，得 4 分；达到 70%，得 5 分；达到 75%，得 6 分；达到 80%，得 7 分；达到 85%，得 8 分；达到 90%，得 9 分；达到 95%，得 10 分。 8.2.12 气流组织合理，评价总分值为 10 分，并按下列规则分别评分并累计： 1 重要功能区域供暖、通风与空调工况下的气流组织满足热环境参数设计要求，得 4 分； 2 避免卫生间、餐厅、地下车库等区域的空气和污染物串通到其他空间或室外活动场所，得 3 分； 3 合理设计新风采气口位置，保证新风质量及避免二次污染的发生，得 3 分。
《绿色养老建筑评价技术细则》 （征求意见稿） 住建部 2016 年 8 月	8.2.12 优化建筑空间、平面布局和构造设计，改善自然通风效果，评价总分值为 10 分，并按下列规则评分。 1 居住空间：通风开口面积与房间地板面积的比例在夏热冬暖地区达到 10%，在夏热冬冷地区达到 8%，在其他地区达到 5%，得 10 分； 2 公共空间：根据在过渡季典型工况下主要功能房间平均自然通风换气次数不小于 2 次 /h 的数量比例，按表 8.2.12 的规则评分，最高得 10 分（略）。 注：依据赋分方式，公共空间过渡季典型工况下主要功能房间自然通风的房间数量比例达到 60%，得 6 分；达到 70%，得 7 分；达到 80%，得 8 分；达到 85%，得 9 分；达到 90%，得 10 分。

名称	条文
《绿色养老建筑评价技术细则》 （征求意见稿） 住建部 2016 年 8 月	8.2.13 气流组织合理，评价总分值为 9 分，按下列规则分别评分并累计： 1 主要功能区域供暖、通风与空调工况下的气流组织设计应设置合理，避免冷风直接吹向人体，同时满足热环境设计参数要求，得 4 分； 2 避免卫生间、餐厅、地下车库，污物间等区域的空气和污染物串通到其他空间或室外活动场地，得 3 分； 3 建筑入口通道系统设置永久性的格栅，得 2 分。

实施途径　1. 空调系统排风采用热回收措施具有节能效果，热回收装置的设置原则：

（1）排风量与新风量的比值应满足房间压力的要求；

（2）新风量等于大于 5000m³/h 的空调系统，宜设置排风热回收装置。其全热和显热的额定热回收效率（在标准测试工况下）不低于 60%；热回收装置应有旁通措施；

（3）有人员长期停留，且不设置集中新、排风系统的空调房间，宜安装带热回收功能的双向换气装置。其额定热回收效率不低于 55%；

（4）室内游泳池空调冬季排风宜采取热回收措施。

2. 当室外空气比焓值低于室内空气比焓值时，优先利用室外新风消除室内热湿负荷利于节能。

对于全空气空调系统，应采取全新风运行或可调新风比措施：

（1）除核心筒采用集中新风竖井外的全空气空调系统应具有可变新风比功能，所有全空气空调系统的最大总新风比不应低于 50%；

（2）服务于人员密集的大空间和全年具有供冷需求的区域的全空气定风量或变风量空调系统，可达到的最大总新风比不宜低于 70%。

（3）对于风机盘管加集中新风的空调系统，也可适当加大新风量，例如在内区面积较大办公、会议、医院诊疗室、商业、餐厅等区域，在非空调季节，采用最大风量送新风，在空调季节，则采用最小新风量送新风。

（4）当采用全新风或可调新风比时，空调排风系统的设计和运行应与新风量的变化相适应，与新风量相匹配；新风口和新风管的大小应按最大新风量来设计。

3. 在大型建筑物中，有不同的功能区，不同的朝向，还存在空调内区、外区，所以空调负荷情况复杂，所以合理划分空调系统，既能满足室内空气参数的要求，又能达到运行节能效果。

4. 过滤器的阻力应按终阻力计算：

（1）粗效过滤器的初阻力小于或等于 50Pa（粒径大于或等于 2.0μm, 效率小于 50% 且大于 20%）；终阻力小于或等于 100Pa；

（2）中效过滤器的初阻力小于或等于 80Pa（粒径大于或等于 0.5μm, 效率小于 70% 且大于 20%）；终阻力小于或等于 160Pa；

根据目前上海市室外空气的质量状况，建议设置性能不低于粗、中效的两级空气过滤器，特别对于人员密集空调区域或空气质量要求较高的场所，其全空气空调系统宜设置空气净化装置。

空气过滤器及空气净化器的设置，应符合国家现行标准《民用建筑供暖通风与空气调节设计规范》GB50736-2012 中的相关规定。

5. 产生异味或污染物的房间或区域，如：卫生间、餐厅、地下车库、吸烟室、厨房、垃圾间、隔油间等，为避免其在室内间串味，应设置机械排风，并保证负压，新风入口和排风出口等应符合上海市现行标准《集中空调通风系统卫生管理规范》DB 31/405 的规定，防止短路，对于产生异味的房间如：厨房、垃圾间、隔油间宜设置除异味装置，尽量降低对室内外的影响。

6. 采用变频变流量技术是目前各种变流量技术中最为方便、有效的方式，可节省风机的输送能耗。

7. 气流组织分析宜采用射流公式校核计算或进行相应的数值模拟分析，确保室内的环境参数达到设计要求。

分层空气调节系统，是指利用合理的气流组织，仅对高大空间的下部人员活动区域进行空调设置，不仅可满足人员舒适度要求，且具有较好的节能效果，常用于中庭、门厅、剧场、大型宴会厅、体育场馆等。当采用分层空气调节系统时，宜采用侧送下回的气流组织形式。

近年来，辐射空调技术发展迅速，在高大空间中采用该技术，可以提高舒适性，并取得显著的节能效果。

设计文件

暖通空调专业施工图及设计说明，气流组织模拟分析报告等。

4 检测与监控

4.1 室内空气质量监控系统

设计要点	主要功能房间中人员密度较高且随时间变化大的区域设置室内空气质量监控系统。

名称	条文
《绿色建筑评价标准》 GB/T 50378-2014	8.2.12 主要功能房间中人员密度较高且随时间变化大的区域设置室内空气质量监控系统，评价总分值为 8 分，并按下列规则分别评分并累计： 1 对室内的二氧化碳浓度进行数据采集、分析，并与通风系统联动，得 5 分； 2 实现室内污染物浓度超标实时报警，并与通风系统联动，得 3 分。 8.2.13 地下车库设置与排风设备联动的一氧化碳浓度监测装置，评价分值为 5 分。 11.2.6 对主要功能房间采取有效的空气处理措施，评价分值为 1 分。
《绿色博览建筑评价标准》 GB/T 51148-2016	8.2.13 主要功能房间中人员密度较高且随时间变化大的区域设置室内空气质量监控系统，保证健康舒适的室内环境，评价总分值为 8 分，按下列规则分别评价并累计： 1 对室内的二氧化碳浓度进行监测，得 3 分，并与通风联动，得 5 分； 2 实现对室内污染物浓度超标实时报警，并与通风系统联动，得 3 分。 8.2.14 地下车库设置与排风设备联动的一氧化碳浓度监控装置，保证地下车库污染物浓度符合有关标准的规定，评价分值为 5 分。 8.2.15 采取有效措施，对博物馆内熏蒸、清洗、干燥、修复等区域产生的有害气体进行实时监测和控制，评价总分值为 5 分，按下列规则分别评价并累计： 1 对有害气体有监测措施，得 3 分； 2 对有害气体有控制措施，得 2 分。 11.2.5 主要功能房间采取有效的空气处理措施，评价分值为 1 分。
《绿色饭店建筑评价标准》 GB/T 51165-2016	8.2.11 人员密度较高且随时间变化大的区域设置室内空气质量监控系统，评价总分值为 6 分，按下列规则分别评价并累计： 1 对二氧化碳浓度进行数据采集、分析，并与通风系统联动，得 4 分； 2 对甲醛、颗粒物等室内污染物浓度实现超标报警，得 2 分。 8.2.12 地下车库设置与排风设备联动的一氧化碳浓度监控装置，评价分值为 4 分。 11.2.5 对主要功能房间采取有效的空气处理措施，评价分值为 1 分。
《绿色医院建筑评价标准》 GB/T 51153-2015	8.2.10 新风系统过滤净化设施的设置符合现行国家有关医院建筑设计规范的要求。本条评价总分值为 6 分，并应按表 8.2.10 的规则评分（略）。 注：依据赋分方式，新风系统过滤净化设施的设置符合现行国家有关医院建筑设计规范的要求，得 6 分。 8.2.11 门诊楼、住院楼中人员密度较高且随时间变化大的区域设置室内空气质量监控系统，并保证健康舒适的室内环境。本条评价总分值为 7 分，并应按表 8.2.10 的规则评分（略）。

名称	条文
《绿色医院建筑评价标准》 GB/T 51153-2015	注：依据赋分方式，对室内的二氧化碳浓度进行数据采集、分析并与新风联动，得 3 分；实现对室内污染物浓度超标实时报警，并与新风系统联动，得 4 分。 10.2.10 采取有效的空气处理措施，设置室内空气质量监控系统，并保证健康舒适的室内环境。本条评价总分值为 1 分。
《绿色商店建筑评价标准》 GB/T 51100-2015	8.2.11 营业区域设置室内空气质量监控系统，评价总分值为 12 分，按下列规则分别评分并累计： 1 对室内的二氧化碳浓度进行数据采集、分析，并与通风系统联动，得 7 分； 2 实现室内污染物浓度超标实时报警，并与通风系统联动，得 5 分。 8.2.12 地下车库设置与排风设备联动的一氧化碳浓度监测装置，评价分值为 5 分。 11.2.6 对营业厅等主要功能房间采取有效的空气处理措施，评价分值为 1 分。

地方标准

名称	条文
《公共建筑绿色设计标准》 DGJ 08-2143-20**	9.5.5 人员密度较大且密度随时间有规律变化的房间，空调系统宜根据二氧化碳浓度采用新风需求控制。 9.5.6 设置机械通风的汽车库，通风系统运行宜根据一氧化碳浓度采用通风量需求控制。
《住宅建筑绿色设计标准》 DGJ 08-2139-20**	9.5.2 地下车库宜设置与排风设备联动的一氧化碳浓度监测装置，并与通风系统联动。

技术细则

名称	条文
《绿色数据中心评价技术细则》 住建部 2015 年 12 月版	8.1.1 主机房、辅助区及不间断电源系统电池室的温度、相对湿度应满足国家标准《电子信息系统机房设计规范》GB 50174 中对 C 级机房的要求。 8.1.2 主机房的空气含尘浓度，在静态条件下测试，直径 ≥ 0.5μm 的尘粒浓度 ≤ 18000 粒 /L。 8.1.9 在有人长时间值守的控制室和值班室等，室内空气中二氧化碳浓度不超过 1800mg/m³。 8.1.10 人员活动区的游离甲醛、苯、氨、氡和 TVOC 等空气污染物浓度符合国家标准《民用建筑室内环境污染控制规范》GB 50325 的规定。

名称	条文
《绿色数据中心评价技术细则》 住建部 2015 年 12 月版	8.2.3 保证主机房的空气洁净度。评分规则如下： 1 主机房的空气含尘浓度，在静态条件下测试，直径 >0.5μm 的尘粒浓度 ≤ 10000 粒 / 升，直径 >5μm 的尘粒浓度 ≤ 100 粒 / 升，得 10 分； 2 主机房的空气含尘浓度，在静态条件下测试，直径 >0.5μm 的尘粒浓度 ≤ 5000 粒 / 升，直径 >5μm 的尘粒浓度 <50 粒 / 升，得 15 分。 评价总分值：15 分。
《绿色超高层建筑评价技术细则》 （修订版征求意见稿） 住建部 2016 年 5 月	8.2.12 主要功能房间中人员密度较高且随时间变化大的区域设置室内空气质量监控系统，评价总分值为 8 分，并按下列规则分别评分并累计： 1 对室内的二氧化碳浓度进行数据采集、分析，并与通风系统联动，得 5 分； 2 实现室内污染物浓度超标实时报警，并与通风系统联动，得 3 分。 8.2.14 地下车库设置与排风设备联动的一氧化碳浓度监测装置，评价分值为 4 分。 11.2.5 对主要功能房间采取有效的空气处理措施，评价分值为 1 分。
《绿色养老建筑评价技术细则》 （征求意见稿） 住建部 2016 年 8 月	8.2.14 设置室内空气质量监控系统，保证安全健康的室内环境，评价总分值为 10 分，按下列规则分别评分并累计： 1 主要功能房间设置带粗中效过滤的新风系统，得 3 分； 2 对老年人集聚的室内公共活动区域的二氧化碳浓度进行监测、分析并与通风系统联动，得 3 分； 3 对主要功能房间进行 PM2.5 浓度监测，实现其浓度超标报警，得 2 分； 4 地下车库设置与排风设备联动的一氧化碳浓度监测装置，得 2 分。 8.2.15 对老人护理医疗过程产生的废气设置可靠的排放系统。评价分值为 3 分。

Application Guide for Shanghai Green Building Design

实施途径　1. 人员密度较高且随时间变化大的区域设置室内空气质量监控系统，并保证健康舒适的室内环境。

2. 大型商场、多功能厅、展览厅、报告厅、大型会议室、体育馆、机场候机厅、剧院、大型餐厅等场所的人员密度较大（人员密度超过 0.25 人 /m²），当采用全空气空调系统时，宜采用新风需求控制，即在每个空调系统的回风口附近至少设置一个 CO_2 浓度传感器，根据 CO_2 浓度调节此区域的新风量；对于人员较大且密度随时间有基本变化规律的场所，也可根据设定的时间段改变新风阀的开度，满足卫生和节能需求。

3. 汽车库不同时段车辆进出频率有很大的差别，室内空气质量也随之有很大变化。为了保持车库内空气品质良好与节能的需要，宜设置 CO 浓度传感装置控制通风系统运行，即在每个排风系统的排风口附近至少设置一个 CO 浓度传感器，根据 CO 浓度控制此区域的排风和补风风机的启停或变速运行。

设计文件

暖通空调专业施工图及设计说明，室内空气质量监测点位图等。

4.2 设置完善的设备监控系统

设计文件

设置建筑能源管理系统，并具有实时存储、统计和分析等功能。

相关标准

国家标准

名称	条文
《绿色博览建筑评价标准》 GB/T 51148-2016	11.2.6 设置建筑能源管理系统，并具有实时存储、统计和分析等功能，评价分值为 2 分。
《绿色饭店建筑评价标准》 GB/T 51165-2016	5.2.10 供暖、通风与空调系统设置完善的设备监控系统，评价总分值为 2 分，按下列规则分别评分并累计： 1 系统监测功能完善，可对各系统实现自动监测，得 1 分； 2 系统控制功能完善，可对各系统实现自动控制，得 1 分。
《绿色医院建筑评价标准》 GB/T 51153-2015	5.2.6 建筑设备系统根据负荷变化采取有效措施进行节能运行。本条评价总分值为 15 分，并应按表 5.2.6 的规则评分（略）。 注：依据赋分方式，其中，在满足室内环境设计要求的前提下，总计占供暖、通风和空调设计一次能耗 85% 以上的建筑设备采取合理的手动、自动控制，根据负荷需求进行调节，得 7 分。

地方标准

名称	条文
《公共建筑绿色设计标准》 DGJ 08-2143-20**	9.5.1 空调与供暖系统，应进行监测与控制，包括冷热源、风系统、水系统等参数检测、参数与设备状态显示、自动控制、工况自动转换、能量计算以及中央监控管理等。监测与控制的方案应根据建筑功能、相关标准、系统类型等通过技术经济比较确定。 9.5.2 建筑物供暖通风空调系统能量计量应符合下列规定： 1 锅炉房、热力站和制冷机房的燃料消耗量、耗热量、供热量、供冷量及补水量应设置计量装置； 2 采用集中冷源和热源时，在每栋楼的冷源和热源入口处或需要独立计量的用户单元，应设置冷量和热量计量装置； 3 建筑物内部归属不同使用单位或有独立计量要求的各部分，宜分别设置冷量、热量和燃气计量装置。 9.5.3 冷热源系统的自动控制应能根据负荷变化、系统特性进行优化运行。 9.5.4 排风热回收装置应设置温湿度监测装置，并能将数据传送至中央控制系统。

名称	条文
《住宅建筑绿色设计标准》 DGJ 08-2139-20**	9.5.1 供暖、空调系统各房间应设有室温调控装置，散热器及辐射供暖系统应安装自动温度控制阀。 9.5.3 采用集中供暖空调冷热源时，用能计量与机房控制应符合下列要求： 1 在每栋住宅建筑的冷源和热源入口处应设置冷量和热量计量装置； 2 各空调使用用户应设置分户热（冷）量计量表； 3 冷热源机房的监控、用能计量和用电分项计量应符合上海市现行标准《公共建筑节能设计标准》DG J08-107 的规定，并制定根据负荷变化需求的优化控制策略。

实施途径　　1. 空调与供暖系统，应进行检测与控制，包括冷热源、风系统、水系统等参数检测、参数与设备状态显示、自动控制、工况自动转换、能量计算以及中央监控管理等。检测与控制的方案应根据建筑功能、相关标准、系统类型等通过技术经济比较确定。

2. 设置温湿度检测装置是为了验证热回收装置的实际节能效果。当排风量小于 5000m³/h 时，排风热回收装置可不做检测，但每个工程至少需要检测一台；当采用显热回收时，新风、排风的湿度可不做检测。

设计文件

暖通空调专业施工图及设计说明，控制策略、冷热源、风系统、水系统等参数监控点位图。

第六章 电气与照明

1 一般规定

1.1 建筑电力能耗应按空调、照明、动力和特殊用电设置独立的分项计量

设计要点 建筑电力能耗应按空调、照明、动力和特殊用电设置独立的分项计量，并符合上海市现行标准《公共建筑用能监测系统技术规程》DGJ 08-2068-2017 的相关规定。

相关标准

国家标准

名称	条文
《绿色建筑评价标准》 GB/T 50378-2014	5.1.3 冷热源、输配系统和照明等各部分能耗应进行独立分项计量。
《绿色博览建筑评价标准》 GB/T 51148-2016	5.1.3 冷热源、输配系统和照明等各部分能耗应进行独立分项计量。
《绿色饭店建筑评价标准》 GB/T 51165-2016	5.1.3 冷热源、输配系统和照明等各部分能耗应独立分项计量。
《绿色医院建筑评价标准》 GB/T 51153-2015	5.1.1 建筑电耗进行分区计量。 5.2.2 建筑能耗进行分区和分项计量。本条评价总分值为 16 分，并应按表 5.2.2 的规则评分（略）。 注：依据赋分方式，在按建筑单体、主要功能分区计量的基础上，对照明、插座及供暖通风空调系统用电进行分项计量，得 8 分；对大型医疗设备、电梯进行单独计量，得 2 分；对供暖、空调、生活热水和给排水主机房（如锅炉房、换热站、冷水机房、给排水泵房）内的电耗和燃料消耗进行计量，并对不同能源进行分类计量，得 3 分；对供暖、空调、生活热水和给排水主机房内的主要设备分别计量，得 3 分。
《绿色商店建筑评价标准》 GB/T 51100-2015	5.1.4 冷热源、输配系统和照明等各部分能耗应进行独立分项计量。

地方标准

名称	条文
《公共建筑绿色设计标准》 DGJ 08-2143-20**	10.5.1 新建大型公共建筑和政府办公建筑应建立建筑能耗计量系统，对水、电力、燃气、燃油、集中供热、集中供冷、可再生能源及其他用能类型进行分类和分项计量。 10.5.2 改建和扩建的公共建筑，对照明、电梯、空调、给水排水等系统的用电能耗宜应进行分项、分区、分户的计量。
《住宅建筑绿色设计标准》 DGJ 08-2139-20**	10.3.1 住宅建筑住户及公共部位用电负荷均应分别设置计量装置。

技术细则

名称	条文
《绿色数据中心评价技术细则》 住建部 2015 年 12 月版	5.1.3 信息设备、冷热源、输配系统和照明等各部分能耗应进行独立分项计量。
《绿色超高层建筑评价技术细则》 （修订版征求意见稿） 住建部 2016 年 5 月	5.1.7 建筑能耗应按用途和区域进行独立分项计量。
《绿色养老建筑评价技术细则》 （征求意见稿） 住建部 2016 年 8 月	5.1.3 老年人住宅和老年人公寓应采用分套分类计量收费，养老设施的冷热源、输配系统和照明等各部分能耗应进行独立分项计量。

实施途径　1. 建筑电力能耗应按空调、照明、动力和特殊用电设置独立的分项计量，并符合上海市现行标准《公共建筑用能监测系统技术规程》DGJ 08-2068-2017 的相关规定。

2. 公共建筑设置建筑设备能耗计量系统，可利用专用软件对分项计量数据进行能耗的监测、统计和分析，以降低能源消耗，同时可减少管理人员的配置。

3. 每个独立的建筑物应设置总电表，应按照明、动力等设置分项总电表。对能源消耗状况实行监测与计量，这些计量数据可为将来运营管理时按表收费提供可行性，同时可以及时发现、纠正用能浪费现象。

4. 新建大型公共建筑和政府办公建筑应设置建筑能耗监控中心（室）。能耗计量系统监控中心（室）可单独设置，也可与智能化系统设备总控室合用机房和供电设施，其机房应符合国家现行标准《智能建筑设计标准》GB 50314-2015 的相关要求。计量装置宜集中设置。

5. 对于改建和扩建的公共建筑，在条件允许的情况下，应进行分项计量。有些既有建筑已经设置了低压配电监测系统，当该系统的表计满足分项计量系统要求时，宜利用原有系统，采用《公共建筑用能监测系统技术规程》DGJ 08-2068-2017 规定的形式将配电监测系统数据纳入到分项计量系统中。当原有配电监测系统设置的表计无远传功能时，需要更换或增加符合本导则要求的具有远传功能电能表。这样可以大大减少设置表计和数据采集器的数量。

6. 住宅建筑住户及公共部位用电负荷均应分别设置计量装置。

设计文件

各专业的设计说明、施工图、计算书、分项计量记录等。

1.2 照明功率密度值达到现行国家标准《建筑照明设计标准》GB 50034 中规定的目标值

| **设计要点** | 照明功率密度值满足现行值要求后，应检查是否满足照明质量和照度要求。 |

相关标准

国家标准

名称	条文
《绿色建筑评价标准》 GB/T 50378-2014	5.1.4 各房间或场所的照明功率密度值不应高于现行国家标准《建筑照明设计标准》GB 50034 规定的现行值。 5.2.10 照明功率密度值达到现行国家标准《建筑照明设计标准》GB 50034 中规定的目标值，评价总分值为 8 分。主要功能房间满足要求，得 4 分；所有区域均满足要求，得 8 分。
《绿色博览建筑评价标准》 GB/T 51148-2016	5.1.4 各房间或场所的照明功率密度值不得高于现行国家标准《建筑照明设计标准》GB 50034 规定的现行值。 5.2.13 照明功率密度值达到现行国家标准《建筑照明设计标准》GB 50034 规定的目标值，评价总分值为 8 分，按下列规则分别评分并累计： 1 主要功能房间的照明功率密度值不高于现行国家标准《建筑照明设计标准》GB 50034 规定的目标值，得 4 分； 2 所有区域的照明功率密度值均不高于现行国家标准《建筑照明设计标准》GB 50034 规定的目标值，得 4 分。
《绿色饭店建筑评价标准》 GB/T 51165-2016	5.1.4 各房间或场所的照明功率密度值不得高于现行国家标准《建筑照明设计标准》GB 50034 规定的现行值。 5.2.11 照明灯具及其附属装置合理采用高效光源、高效灯具和低损耗的灯用附件，降低建筑照明能耗，评价总分值为 8 分，根据照明系统总功率降低率按表 5.2.11 进行评价（略）。 注：依据赋分方式，照明系统总功率降低率到达 3.5%，得 2 分；到达 7.5%，得 4 分；到达 13.5%，得 6 分；到达 15%，得 8 分。
《绿色医院建筑评价标准》 GB/T 51153-2015	5.1.4 房间或场所的照明功率密度值不应高于现行国家标准《建筑照明设计标准》GB 50034 规定的现行值。

名称	条文
《绿色医院建筑评价标准》 GB/T 51153-2015	5.2.5 房间或场所的照明功率密度值不高于现行国家标准《建筑照明设计标准》GB 50034 规定的目标值。本条评价总分值为 15 分，并应按表 5.2.3 的规则评分（略）。 注：依据赋分方式，在满足室内照度设计标准的前提下，建筑面积的 70% 以上的室内照明功率密度值不高于现行国家标准《建筑照明设计标准》GB 50034 的目标值，得 10 分；建筑面积的 90% 以上的室内照明功率密度值不高于现行国家标准《建筑照明设计标准》GB 50034 的目标值，得 15 分。
《绿色商店建筑评价标准》 GB/T 51100-2015	5.1.5 照明功率密度值不应高于现行国家标准《建筑照明设计标准》GB 50034 的现行值规定。 在满足眩光限制和配光要求条件下，灯具效率或效能不应低于现行国家标准《建筑照明设计标准》GB 50034 的规定。 5.1.6 使用电感镇流器的气体放电灯应在灯具内设置电容补偿，荧光灯功率因数不应低于 0.9，高强气体放电灯功率因数不应低于 0.85。 5.1.7 室内外照明不应采用高压汞灯、自镇流荧光高压汞灯和普通照明白炽灯，照明光源、镇流器等的能效等级满足现行有关国家标准规定的 2 级要求。 5.2.11 照明功率密度值不高于现行国家标准《建筑照明设计标准》GB 50034 中的目标值规定，评价总分值为 6 分，按表 5.2.11 的规则评分（略）。 注：依据赋分方式，照明功率密度值降低幅度低于 10%，得 2 分；到达 10%，得 4 分；到达 20%，得 6 分。 5.2.12 照明光源、镇流器等的能效等级满足现行有关国家标准规定的 1 级要求，评价分值为 3 分。

地方标准

名称	条文
《公共建筑绿色设计标准》 DGJ 08-2143-20**	10.3.4 各类房间或场所的照明功率密度值，应按现行上海市《公共建筑节能设计标准》DGJ 08-107 第 6.1.1 条规定要求设计。
《住宅建筑绿色设计标准》 DGJ 08-2139-20**	10.4.1 住宅建筑公共部位照明和全装修住宅的套内照明标准值应符合国家现行标准《建筑照明设计标准》GB 50034 的规定。

技术细则

名称	条文
《绿色数据中心评价技术细则》 住建部 2015 年 12 月版	5.1.7 数据中心各房间或场所的照明功率密度值不得高于现行国家标准《建筑照明设计标准》GB 50034 规定的现行值。 5.2.9 照明功率密度值达到现行国家标准《建筑照明设计标准》GB 50034 中规定的目标值。评分规则如下：

名称	条文
《绿色数据中心评价技术细则》 住建部 2015 年 12 月版	1 主要功能房间满足要求，得 3 分； 2 所有区域均满足要求，得 5 分。 评价总分值：5 分。
《绿色超高层建筑评价技术细则》 （修订版征求意见稿） 住建部 2016 年 5 月	5.1.6 各房间或场所在满足照度要求的前提下，照明功率密度值不高于现行国家标准《建筑照明设计标准》GB 50034 规定的现行值。 5.2.10 照明功率密度值达到现行国家标准《建筑照明设计标准》GB 50034 中的目标值规定，评价总分值为 8 分。公共区域满足要求，得 2 分；主要功能房间满足要求，得 5 分；所有区域均满足要求，得 8 分。
《绿色养老建筑评价技术细则》 （征求意见稿） 住建部 2016 年 8 月	5.1.4 各房间或场所的照明功率密度值不应高于现行国家标准《建筑照明设计标准》GB 50034 中规定的现行值。 5.2.10 照明功率密度值达到现行国家标准《建筑照明设计标准》GB 50034 中规定的目标值，评价总分值为 8 分。主要功能房间满足要求，得 4 分；公共区域满足要求，得 4 分；所有区域均满足要求，得 8 分。

实施途径 1. 国家现行标准《建筑照明设计标准》GB50034-2013 规定了各类房间或场所的照明功率密度限值，分为"现行值"和"目标值"，其中"现行值"是新建建筑应满足的最低要求。

2. 在满足眩光限制和配光要求条件下，灯具效率或效能不应低于现行国家标准《建筑照明设计标准》GB 50034-2013 的规定，且优先采用综合效率高的 LED 灯具。

3. 使用电感镇流器的气体放电灯应在灯具内设置电容补偿，荧光灯功率因数不应低于 0.9，高强气体放电灯功率因数不应低于 0.85，LED 日光灯功率因数不应低于 0.75。

4. 室内外照明不应采用高压汞灯、自镇流荧光高压汞灯和普通照明白炽灯，照明光源、镇流器等的能效等级满足现行有关国家标准规定的 2 级要求。

5. 国家现行标准《建筑照明设计标准》GB 50034-2013 针对老年人特点，专门制定了老年人卧室、起居室和阅览室等的照度标准，相比同类功能空间，照度标准更高，节能潜力也更大。考虑到养老建筑公共区域和室内照度设计标准与一般建筑有所差异，应以保证安全性为前提条件。当房间或场所的照度值高于或低于标准规定的对应照度值时，其照明功率密度值应按比例提高或折减。

设计文件

电气专业的设计说明、施工图、计算书等，需包含电气照明系统图、电气照明平面施工图、照明设计要求、照明设计标准、照明控制原则、建筑照明功率密度的计算书等。

2 电气系统

2.1 合理选用节能型电气设备

| 设计要点 | 合理选用节能型电气设备，满足国家现行标准的节能评价值要求。 |

相关标准

国家标准

名称	条文
《绿色建筑评价标准》 GB/T 50378-2014	5.2.12 合理选用节能型电气设备，评价总分值为 5 分，并按下列规则分别评分并累计： 1 三相配电变压器满足现行国家标准《三相配电变压器能效限定值及节能评价值》GB 20052 的节能评价值要求，得 3 分； 2 水泵、风机等设备，及其他电气装置满足相关现行国家标准的节能评价值要求，得 2 分。
《绿色博览建筑评价标准》 GB/T 51148-2016	5.2.15 合理选用节能型电气设备，评价总分值为 5 分，按下列规则分别评分并累计： 1 三相配电变压器满足现行国家标准《三相配电变压器能效限定值及节能评价值》GB 20052 的节能评价值要求，2 分； 2 水泵、风机等设备所选用的电动机及其他电气装置满足相关现行国家标准的节能评价值要求，得 2 分； 3 配电干线电缆按经济电流密度设计选择，得 1 分。
《绿色饭店建筑评价标准》 GB/T 51165-2016	5.2.14 供配电系统设置合理，并选用节能型产品，评价总分值为 5 分，按下列规则分别评分并累计： 1 合理设置变电所数量及位置，得 1 分； 2 合理设置变压器数量及容量，得 1 分； 3 选用节能型变压器，得 1 分； 4 合理采用谐波抑制和无功补偿技术，得 2 分。
《绿色医院建筑评价标准》 GB/T 51153-2015	5.2.3 减少电气、供暖、通风和空调系统输配能耗。本条评价总分值为 9 分，并应按表 5.2.3 的规则评分（略）。 注：依据赋分方式，变配电室靠近负荷中心，得 3 分；供暖、供冷水系统或制冷剂系统的输配能耗低于国家现行节能标准要求限值 10% 以上，得 3 分；空调、通风风道系统的输配能耗低于国家现行节能标准要求限值 10% 以上，得 3 分。

名称	条文
《绿色医院建筑评价标准》 GB/T 51153-2015	5.2.4 用能建筑设备能效指标达到国家现行节能标准、法规的节能产品的规定。本条评价总分值为 15 分，并应按表 5.2.4 的规则评分（略）。 注：依据赋分方式，锅炉的额定热效率、占设计总冷负荷 85% 的空调制冷设备（冷水机组、单元空调机和多联机）的额定制冷效率满足现行国家标准《公共建筑节能设计标准》GB 50189 对节能产品的要求，得 7 分。变压器损耗符合现行国家标准《三相配电变压器能效限定值及节能评价值》GB 20052 节能评价值的要求，得 3 分。其他非消防系统使用的水泵、风机符合相关国家现行有关标准规定的节能产品的要求；额定功率 2.2kW 及以上电机符合现行国家标准《中小型三相异步电动机能效限定值及能效等级》GB 18613 节能产品的要求，得 3 分。 5.2.6 建筑设备系统根据负荷变化采取有效措施进行节能运行。本条评价总分值为 15 分，并应按表 5.2.6 的规则评分（略）。 注：依据赋分方式，其中，有多部电梯时，采用集中控制调节措施，得 2 分。
《绿色商店建筑评价标准》 GB/T 51100-2015	5.2.18 供配电系统采取自动无功补偿和谐波治理措施，评价分值为 3 分。

地方标准

名称	条文
《公共建筑绿色设计标准》 DGJ 08-2143-20**	10.4.1 变压器选择应满足以下要求： 1 应选择低损耗、低噪声的节能变压器，所选节能型干式变压器应达到现行国家标准《三相配电变压器能效限定值及节能评价值》GB 20052 中规定的目标能效限定值及节能评价值的要求； 2 在项目允许的条件下，宜选择 S12 及以上系列或非晶合金铁心型低损耗变压器； 3 配电变压器应选用 [D，Yn11] 结线组别的变压器。且长期工作负载率不宜大于 75%。
《住宅建筑绿色设计标准》 DGJ 08-2139-20**	10.3.2 住宅建筑的公共机电设施应设置自动控制装置。 10.3.4 公共部位或户内采用集中空调系统的全装修住宅应设置自动控制装置，且具有空气质量监控功能。

技术细则

名称	条文
《绿色数据中心评价技术细则》 住建部 2015 年 12 月版	5.1.4 数据中心设计 PUE 值应小于等于 2.0。 5.1.5 数据中心年 EUE 值应小于等于 1.8。 5.2.11 采用合理的谐波治理措施。评价分值为 5 分。 评价总分值：5 分。

名称	条文
《绿色数据中心评价技术细则》 住建部 2015 年 12 月版	5.2.12 合理选用节能型电气设备。按下列规则分别评分并累计： 1 照明光源、镇流器的能效符合相关能效标准的节能评价值，得 2 分； 2 三相配电变压器满足现行国家标准《三相配电变压器能效限定值及节能评价值》GB 20052 的节能评价值要求，得 2 分； 3 UPS 满足节能要求。选用整机效率高、输入功率因数高、输入电流谐波小的节能型 UPS，得 2 分。 评价总分值：6 分 5.2.13 数据中心设置基础设施监测与控制管理系统。按下列规则分别评分并累计： 1 设置空调和室内环境监控系统，得 4 分； 2 设置供配电监控系统，得 4 分。 评价总分值：8 分。
《绿色超高层建筑评价技术细则》 （修订版征求意见稿） 住建部 2016 年 5 月	5.2.12 合理选用节能型电气设备及设计管路，评价总分值为 6 分，并按下列规则分别评分并累计： 1 三相配电变压器满足现行国家标准《三相配电变压器能效限定值及节能评价值》GB 20052 的节能评价值要求，得 2 分； 2 水泵满足相关现行国家标准的节能评价值要求，得 2 分； 3 风机满足相关现行国家标准的节能评价值要求，得 2 分。
《绿色养老建筑评价技术细则》 （征求意见稿） 住建部 2016 年 8 月	5.2.12 合理选用节能型电气设备，评价总分值为 8 分，按下列规则分别评分并累计： 1 三相配电变压器满足现行国家标准《三相配电变压器能效限定值及节能评价值》GB 20052 的节能评价值要求，得 2 分； 2 水泵满足相关现行国家标准的节能评价值要求，得 2 分； 3 风机满足相关现行国家标准的节能评价值要求，得 2 分； 4 选用节能等级的冰箱、洗衣机等家用电器，得 2 分。

实施途径　配电系统中，变压器等主要耗能设备的能耗占总能耗的 2% ~ 3%，故变压器自身的节能问题非常重要，目前一般要求宜选择 S13 或以上变压器，以利节能。此外，配电线路的能耗问题也应予以关注。由于许多建筑内大量使用电力电子设备，其谐波状况比较严重，故变压器负载率不宜过高，且 [D，Yn11] 结线组别的变压器具有缓解三相负荷不平衡、抑制三次谐波等优点。

设计文件

电气专业的设计说明、施工图、计算书等。

2.2 合理选用电梯和自动扶梯，并采取电梯群控、扶梯自动启停等节能控制措施

设计要点	应根据建筑物的性质、楼层、服务对象和功能要求，进行电梯和自动扶梯客流分析，合理确定电梯和自动扶梯的型号、台数、配置方案、运行速度、信号控制和管理方案，提高运行效率。

相关标准

国家标准

名称	条文
《绿色建筑评价标准》 GB/T 50378-2014	5.2.11 合理选用电梯和自动扶梯，并采取电梯群控、扶梯自动启停等节能控制措施，评价分值为 3 分。
《绿色博览建筑评价标准》 GB/T 51148-2016	5.2.14 合理选用电梯和自动扶梯，并合理采取电梯群控、扶梯自动启停等节能控制措施，评价分值为 2 分。
《绿色饭店建筑评价标准》 GB/T 51165-2016	5.2.13 电梯和自动扶梯高效节能，控制方法合理，评价总分值为 3 分，按下列规则分别评分并累计： 1 采用高效节能的电梯和自动扶梯，得 2 分； 2 电梯和自动扶梯采用合理的控制方法，得 1 分。
《绿色商店建筑评价标准》 GB/T 51100-2015	5.2.15 合理选用电梯和自动扶梯，并采取电梯群控、自动扶梯自动感应启停等节能控制措施，评价分值为 3 分。

地方标准

名称	条文
《公共建筑绿色设计标准》 DGJ 08-2143-20**	10.4.2 电梯的选择应满足以下要求： 1 应根据建筑物的性质、楼层、服务对象和功能要求，进行电梯客流分析，合理确定电梯的型号、台数、配置方案、运行速度、信号控制和管理方案，提高运行效率； 2 客梯应采用具备高效电机及先进控制技术的电梯，货梯宜采用具备高效电机及先进控制技术的电梯。在条件允许的情况下，宜配置能量回馈系统。 10.4.3 自动扶梯选择应满足以下要求： 1 应根据建筑物的性质、服务对象，确定扶梯、自动人行道的运送能力，合理确定设备型号、台数； 2 应采用高效电机，并采用变频调速控制； 3 自动扶梯与自动人行道应具有节能拖动及节能控制装置，并设置感应传感器以控制自动扶梯与自动人行道的启停。在空载运行一段时间后，应能处在暂停或低速运行状态。

名称	条文
《住宅建筑绿色设计标准》 DGJ 08-2139-20**	10.3.3 应选用采用高效电机和采取节能控制措施的电梯。

技术细则

名称	条文
《绿色数据中心评价技术细则》 住建部 2015 年 12 月版	5.2.10 合理选用电梯，并采取电梯群控节能控制措施。评价分值为 5 分。 评价总分值：5 分。
《绿色超高层建筑评价技术细则》 （修订版征求意见稿） 住建部 2016 年 5 月	5.2.11 选用高效节能电梯和自动扶梯，采用合理的控制方法降低运行能耗。 评价总分值 6 分，并按下列规则分别评分并累计： 1 采用节能型电梯和自动扶梯，得 2 分； 2 采用电梯群控与扶梯自动启停节能措施，得 2 分； 3 采用变频调速拖动电梯，得 1 分； 4 采用能量再生回馈电梯，得 1 分。
《绿色养老建筑评价技术细则》 （征求意见稿） 住建部 2016 年 8 月	5.2.11 合理选用节能电梯，并采取电梯群控等节能控制措施，评价分值为 3 分。

实施途径　1. 在高层建筑中电梯是不可或缺的一部分，尤其是上海高层建筑林立，电梯被大量使用于建筑之中。但值得注意的是电梯断续工作，启停频繁，功率因数较低，易造成电网波动。因此作为绿色建筑，不应追求使用的舒适性而忽视电梯选择的合理性，应合理配置电梯数量，选用性能优异的电梯以及智能的电梯控制系统。当三台及以上的客梯集中布置时，客梯控制系统应具备按程序集中调控和群控的功能，以降低电梯运行能耗。

2. 自动扶梯与自动人行道在商场、机场等地被大量使用，且这些建筑都有很明显的低峰时间段，在低峰时间段自动扶梯与自动人行道会有很长的闲置时间，如仍然正常运作，不但不节能，还会减少设备寿命。因此，自动扶梯与自动人行道应装设智能感应系统，有人使用时正常运作，无人使用时低速运作甚至不运作，可有效降低能耗。

3. 服务楼层超过 10 层的电梯，可采用能量回馈系统。

设计文件

电气专业的设计说明、施工图、计算书等。

3 照明系统

3.1 室内人员长时间停留场所，其光源色温不应高于 4000K；室外公共活动区域，其光源色温不应高于 5000K

设计要点 除有特殊要求的场所外，应选用高效照明光源、高效节能灯具及其节能附件。

相关标准

国家标准

名称	条文
《绿色商店建筑评价标准》 GB/T 51100-2015	5.2.17 室外广告与标识照明的平均亮度低于现行行业标准《城市夜景照明设计规范》JGJ/T 163 规定的最大允许值，评价分值为 3 分。

地方标准

名称	条文
《公共建筑绿色设计标准》 DGJ 08-2143-20**	10.3.2 应根据项目规模、功能特点、建设标准、视觉作业要求等因素，确定合理的照度指标。照度指标为 300lx 及以上，且功能明确的房间或场所，宜采用一般照明和局部照明相结合的方式。 10.3.3 除有特殊要求的场所外，应选用高效照明光源、高效节能灯具及其节能附件。 10.3.5 照明设计中应严格控制光污染，应满足现行国家标准《建筑照明设计标准》GB 50034 及《城市夜景照明设计规范》JGJ/T 163 的相关规定。
《住宅建筑绿色设计标准》 DGJ 08-2139-20**	10.4.3 走廊、楼梯等公共部位的光源宜选用色温不大于 4000K 的发光二极管灯。 10.4.4 室外夜景照明的设计应符合国家现行标准《城市夜景照明设计规范》JGJ/T163 的规定。

团体标准

名称	条文
《健康建筑评价标准》 中国建筑学会 TASC 02-2016	6.1.4 照明光环境应满足以下要求： 1 室内人员长时间停留场所，其光源色温不应高于 4000K，墙面的平均照度不应低于 50lx、顶棚的平均照度不应低于 30lx，一般照明光源的特殊显色指数 R_9 应大于 0，光源色容差不应大于 5SDCM，照明频闪比不应大于 6%，照明产品光生物安全组别不应超过 RG0；

名称	条文
《健康建筑评价标准》 中国建筑学会 TASC 02-2016	2 室外公共活动区域，其光源色温不应高于 5000K，人行道、非机动车道最小水平照度及最小半柱面照度均不应低于 2lx，照明光污染限制应符合现行行业标准《城市夜景照明设计规范》JGJ/T 163 的规定。 6.2.8 控制室内生理等效照度，评价分值为 5 分。对居住建筑，夜间生理等效照度不高于 50lx；对公共建筑，不少于 75% 的工作区域内的主要视线方向生理等效垂直照度不低于 250lx，且时数不低于 4h/d。 6.2.9 营造舒适的室外照明光环境，评价总分值为 5 分，并按下列规则分别评分并累计： 1 室外照明光源一般显色指数不低于 60，得 2 分； 2 室外公共活动区域的眩光限值符合表 6.2.9 的规定，得 3 分（略）。 注：依据赋分方式，灯具在安装就位后与其向下垂直轴形成的指定角度上任何方向上的发光强度：角度范围 ≥ 70°，最大光强 Imax=500cd/1000lm；≥ 80°，Imax=100cd/1000lm；≥ 90°，Imax=10cd/1000lm；≥ 100°，Imax<1 cd/1000lm。

实施途径

1. 选用高效照明光源、高效灯具及其节能附件，不仅能在保证适当照明水平及照明质量时降低能耗，而且还减少了夏季空调冷负荷从而进一步达到节能的目的。

在选择光源时，不单是比较光源价格，更应进行全寿命期的综合经济分析比较，一些高效、长寿命光源（如发光二极管灯），虽价格较高，但使用数量减少，运行维护费用降低，经济上和技术上是合理的。

近年来半导体照明技术得到了快速发展，传统光源有被发光二极管灯逐步替代的趋势，不仅光效逐年提高，节能效果显著，而且其具有寿命长、可控性好、可瞬时启动等特点，因此得到了更多的应用。当选用发光二极管灯时，其色温、显色性、色容差等技术指标应符合现行国家标准《建筑照明设计标准》GB 50034-2013 中的相关规定。

住宅建筑的走廊、楼梯等公共部位采用发光二极管灯具有显著的节能效果，且使用寿命长、维护成本低。色温不大于 4000K 的发光二极管灯蓝光污染相对较轻，故建议选用。

2. 眩光可导致人视觉不舒适甚至丧失明视度，是引起视觉疲劳的重要原因之一，照明设计不当使照明系统不但起不到应有的作用，反而造成光污染，因此在设计中必须避免。眩光值的指标应满足现行国家标准《建筑照明设计标准》GB 50034-2013 中有关要求，在绿色建筑中作为控制项来要求。

3. 在进行相关设计时，应进行合理的照明计算，保证亮度分布合理的同时适当的增加工作对象与其背景的亮度对比。

光源显色性方面，要求长期工作或停留的房间或场所，其特殊显色指数应大于 0；光源色容差方面，要求色容差不应大于 5SDCM；照明频闪方面，要求频闪比不应大于 6%；光生物安全方面，应选择光生物安全组别不超过 RG0（无危险类）的照明产品；室外光污染方面，在进行照明方案选择时应进行照明计算，并根据现行行业标准《城市夜景照明设计规范》JGJ/T 163-2008 的相关规定合理选择照明产品及布置方案，避免对居民产生光污染影响。

设计文件

电气专业的设计说明、施工图、计算书等，需包含电气照明系统图、电气照明平面施工图、照明设计要求、照明设计标准、照明控制原则、建筑照明功率密度的计算书等。

3.2 照明采用集中控制，并满足分区、分组及调光或降低照度的控制要求

设计要点	公共场所的照明设计应优先利用天然采光，并采取分区、分组、定时、感应等节能自动控制措施。

相关标准

国家标准

名称	条文
《绿色建筑评价标准》 GB/T 50378-2014	5.2.9 走廊、楼梯间、门厅、大堂、大空间、地下停车场等场所的照明系统采取分区、定时、感应等节能控制措施，评价分值为 5 分。
《绿色博览建筑评价标准》 GB/T 51148-2016	5.2.12 公共场所的照明设计应优先利用天然采光，并采取分区、分组、定时、感应等节能自动控制措施，评价总分值为 6 分，按下列规则分别评分并累计： 1 走廊、楼梯间、门厅、大堂、停车库等公共场所的照明设计优先利用天然采光，并采取节能控制措施，得 3 分； 2 陈列 / 展览厅照明设计采取节能控制措施，得 3 分。
《绿色饭店建筑评价标准》 GB/T 51165-2016	5.2.12 照明系统合理分区分组，并采用先进的控制技术，评价总分值为 5 分，按下列规则分别评分并累计： 1 走廊、楼梯间、门厅、大堂、地下停车场等公共场所的照明，按使用条件和天然采光状况分别采取分区、分组控制措施，得 2 分； 2 走廊、楼梯间、门厅、大堂、地下停车场等公共场所的照明，合理采用智能控制系统，得 2 分； 3 客房设置节能控制型开关，得 1 分。
《绿色医院建筑评价标准》 GB/T 51153-2015	5.2.6 建筑设备系统根据负荷变化采取有效措施进行节能运行。本条评价总分值为 15 分，并应按表 5.2.6 的规则评分（略）。 注：依据赋分方式，其中，在满足室内照度设计要求的前提下，总计占照明设计 65% 以上的灯具采取合理的分区回路设置，通过人员可就地控制，得 2 分；在满足室内公共区域照度设计要求的前提下，总计占照明设计 85% 以上的灯具采取合理的分区回路设置，可集中开关或调光控制，得 4 分；在满足室内照度设计要求的前提下，总计占照明设计 85% 以上的灯具采取合理的分区回路设置，且通过自动控制系统实现灯具开关或调光控制，得 6 分。

名称	条文
《绿色商店建筑评价标准》 GB/T 51100-2015	5.1.8 夜景照明应采用平时、一般节日、重大节日三级照明控制。 5.2.13 照明采用集中控制，并满足分区、分组及调光或降低照度的控制要求，评价分值为 3 分。 5.2.14 走廊、楼梯间、厕所、大堂以及地下车库的行车道、停车位等场所采用半导体照明并配用智能控制系统，评价分值为 3 分。 5.2.16 商店电气照明等按功能区域或租户设置电能表，评价分值为 3 分。

地方标准

名称	条文
《公共建筑绿色设计标准》 DGJ 08-2143-20**	10.3.1 应根据建筑的照明要求，合理利用天然采光。需满足下列要求： 1 应根据建筑物的建筑特点、建筑功能、建筑标准、使用要求等具体情况，对照明系统进行分散与集中、手动与自动相结合的控制或组合式控制方式； 2 对于功能复杂、照明环境要求高的公共建筑、博物馆、美术馆等，宜采用智能照明控制系统，智能照明系统应具有相对的独立性，并作为建筑设备监控系统的子系统，应与建筑设备监控系统设有通信接口； 3 设置智能照明控制系统时，在有自然采光的区域，宜设置随室外自然光的变化自动控制或调节人工照明照度的装置； 4 当公共建筑物不采用专用智能照明控制系统而设置建筑设备监控系统时，公共区域的照明应纳入建筑设备监控系统的控制范围； 5 公共区域内灯具应设置照明声控、光控、定时、感应等自控方式； 6 各类房间内灯具数量不少于 2 个时应分组控制。并应采取合理的人工照明布置及控制措施，具有天然采光的区域应能独立控制。
《住宅建筑绿色设计标准》 DGJ 08-2139-20**	10.3.5 有条件时，居住区周界防范系统宜与周界照明设备联动。 10.4.2 除公共地下室、设备机房、电梯厅、避难层和有人值守的门厅外，其他公共空间的一般照明应设置自控装置。

技术细则

名称	条文
《绿色数据中心评价技术细则》 住建部 2015 年 12 月版	5.2.8 数据中心主机房、辅助区、行政管理区等场所的照明系统采取分区、定时、感应、智能照明控制等节能控制措施。评价分值为 4 分。 评价总分值：4 分。
《绿色超高层建筑评价技术细则》 （修订版征求意见稿） 住建部 2016 年 5 月	5.2.9 合理采取照明分区设计与控制方式，降低建筑照明能耗，自动调节控制面积比例不低于 60%。评价总分值 5 分，按表 5.2.9 的规则评分（略）。 注：依据赋分方式，自动调节控制面积比例达到 60%，得 3 分；达到 70%，得 4 分；达到 80%，得 5 分。

名称	条文
《绿色养老建筑评价技术细则》 （征求意见稿） 住建部 2016 年 8 月	5.2.9 照明系统采取分区、定时、感应、照度调节等节能控制措施，评价分值为 6 分。

实施途径　1. 照明系统分区包括光源和灯具选型、灯具布置、灯具控制等方面，应根据各场所的功能要求、作息差异性、自然采光可利用性等因素确定。功能分区如居住空间、活动空间、辅助空间等；作息差异性一般指主要生活或娱乐时间、休息或活动时间等。对于公共区域应采取定时、感应等节能控制措施，或采取照度调节的节能控制装置。如楼梯间采取声光控或人体感应控制；走廊、地下车库可采用定时或集中控制方式。

2. 在照明设计时，应根据照明部位的自然环境条件，结合天然采光与人工照明的灯光布置形式，合理选择照明控制模式。当项目经济条件许可的情况下，为了灵活地控制和管理照明系统，并更好地结合人工照明与天然采光设施，宜设置智能照明控制系统以营造良好的室内光环境，并达到节电的目的。如当室内天然采光随着室外光线强弱变化时，室内的人工照明应按照人工照明的照度标准，利用光传感器自动启闭或调节部分灯具。

3. 住宅建筑公共场所和部位的照明系统（包括路灯、庭院灯等户外照明系统）配置定时或光控、声控等设施，可以合理控制照明系统的开关，在保证使用的前提下同时达到节能的目的。无人值守的电梯厅、门厅等人员短暂停留的场所，照明可采用不小于 5min 的延时控制。楼梯间、走廊等人员流动场所，照明可采用不小于 60s 的延时控制。汽车库、自行车库照明可采用具有人体识别、车体识别等功能的智能控制装置。

设计文件

电气专业的设计说明、施工图、计算书等，需包含电气照明系统图、电气照明平面施工图、照明设计要求、照明设计标准、照明控制原则、建筑照明功率密度的计算书等。

第七章　景观环境与室内设计

1　一般规定

1.1　场地内合理设置绿化用地

设计要点	建设项目绿地面积占建设项目用地总面积的配套绿化比例，应当达到《上海市绿化条例》规定的标准。

相关标准

国家标准

名称	条文
《绿色建筑评价标准》 GB/T 50378-2014	4.2.2 场地内合理设置绿化用地，评价总分值为 9 分，并按下列规则评分 1 居住建筑按下列规则分别评分并累计 1）住区绿地率：新区建设达到 30%，旧区改建达到 25%，得 2 分； 2）住区人均公共绿地面积：按表 4.2.1-1 的规则评分，最高得 7 分（略）。 注：依据赋分方式，新区建设：人均公共绿地面积达到 $1.0m^2$，得 3 分；达到 $1.3m^2$，得 5 分；达到 $1.5m^2$，得 7 分；旧区改建：人均公共绿地面积达到 $0.7m^2$，得 3 分；达到 $0.9m^2$，得 5 分；达到 $1.0m^2$，得 7 分。 2 公共建筑按下列规则分别评分并累计 1）绿地率：按表 4.2.1-2 的规则评分，最高得 7 分（略）； 注：依据赋分方式，绿地率达到 30%，得 2 分；达到 35%，得 5 分；达到 40%，得 7 分。 2）绿地向社会公众开放，得 2 分。
《绿色博览建筑评价标准》 GB/T 51148-2016	4.2.2 场地内合理设置绿化用地，评价总分值为 9 分，按下列规则分别评分并累计 1 博物馆建筑的绿地率：达到 25%，得 2 分；达到 30%，得 5 分；达到 35%，得 7 分；展览建筑的绿地率：达到 15%，得 2 分；达到 25%，得 5 分；达到 30%，得 7 分； 2 绿地向社会公众开放，得 2 分。

名称	条文
《绿色饭店建筑评价标准》 GB/T 51165-2016	4.2.2 场地内合理设置绿化用地，评价总分值为 9 分，按下列规则分别评分并累计 1 饭店建筑的绿地率：按表 4.2.2 的规则评分，最高得 7 分（略）； 注：依据赋分方式，绿地率达到 30%，得 2 分；达到 35%，得 5 分；达到 40%，得 7 分。 2 绿地向社会公众开放，得 2 分。
《绿色医院建筑评价标准》 GB/T 51153-2015	4.2.2 合理设置绿化用地。本条评价总分值为 8 分，并应按表 4.2.2 的规则评分（略）。 注：依据赋分方式，绿地率达到 30%，得 2 分；达到 35%，得 4 分；达到 40%，得 6 分；绿地向社会公众开放，再得 2 分。
《绿色商店建筑评价标准》 GB/T 51100-2015	4.2.2 场地内合理设置绿化用地，评价总分值为 10 分，按下列规则分别评分并累计： 1 绿地率高于当地主管部门出具的绿地率控制指标要求的 5%，得 3 分；高于 10%，得 6 分； 2 绿地向社会公众开放，得 4 分。

地方标准

名称	条文
《公共建筑绿色设计标准》 DGJ 08-2143-20**	5.2.2 总平面设计中应合理布置绿化用地，建筑绿地率应符合城市规划和绿化主管部门的规定，位于地下室顶板上计入绿地率的绿化覆土厚度不应小于 1.5m，其中 1/3 的绿地面积应与地下室顶板以外的面积连接。绿化用地宜向社会开放。计算绿地面积应从距离外墙边线不少于 1m 起算。
《住宅建筑绿色设计标准》 DGJ 08-2139-20**	5.2.1 应合理布置绿化用地，其中集中绿地面积不应少于用地面积 10%，计入绿地率的地下室顶板上的绿化覆土厚度不应小于 1.5m；绿地指标应按下列指标控制： 1 新建居住区绿地率不低于 30%，人均集中绿地不应小于 $1.0m^2$； 2 按照规划成片改建、扩建居住区绿地率不低于 25%；人均集中绿地不应小于 $0.7m^2$。

技术细则

名称	条文
《绿色数据中心评价技术细则》 住建部 2015 年 12 月版	4.2.4 场地内合理设置绿化用地。评分规则如下： 绿地率达到 30%，得 2 分；达到 35%，得 5 分；达到 40% 得 7 分。 评价总分值：7 分。

名称	条文
《绿色超高层建筑评价技术细则》 （修订版征求意见稿） 住建部 2016 年 5 月	4.2.1 场地内合理设置绿化用地和绿化方式，评价总分值为 12 分，并按下列规则评分： 1）绿地率按表 4.2.1-1 的规则评分（略）。 注：依据赋分方式，绿地率达到 20%，得 2 分；达到 25%，得 3 分；达到 30%，得 4 分。 2）绿地或室外空间向社会公众，按表 4.2.1-2 的规则评分（略）。 注：依据赋分方式，绿地和室外空间率达到 25%，得 2 分；达到 30%，得 3 分；达到 35%，得 4 分。 3）采用垂直绿化、室内中庭绿化和裙房屋顶绿化等多种绿化方式，按表 4.2.1-2 的规则评分，最高得 4 分（略）。 注：依据赋分方式，垂直绿化，得 1 分；室内中庭绿化，得 2 分；裙房屋顶绿化率达到 25%，得 2 分；达到 30%，得 3 分；达到 35%，得 4 分。
《绿色养老建筑评价技术细则》 （征求意见稿） 住建部 2016 年 8 月	4.2.2 场地内合理设置绿化用地，评价总分值为 11 分，按下列规则评分并累计 1 绿地率：按表 4.2.2 的规则评分，最高得 7 分（略）。 注：依据赋分方式，绿地率达到 30%，得 2 分；达到 35%，得 5 分；达到 40%，得 7 分。 2 绿地向社会公众开放，得 2 分。 3 集中公共活动绿地面积大于 800m2，得 2 分。

实施途径　1. 根据《上海市绿化条例》的释义：
（1）公共绿地，是指公园绿地、街旁绿地和道路绿地。
（2）单位附属绿地，是指机关、企事业单位、社会团体、部队、学校等单位用地范围内的绿地。
（3）居住区绿地，是指居住区用地范围内的绿地。
（4）防护绿地，是指城市中具有卫生隔离和安全防护功能的绿地。
（5）绿化设施，是指绿地中供人游览、观赏、休憩的各类构筑物，以及用于绿化养护管理的各种辅助设施。
（6）立体绿化，是指以建筑物、构筑物为载体，以植物为材料，以屋顶绿化、垂直绿化、檐口绿化、棚架绿化等为方法的绿化形式的总称。
2.《上海市绿化条例》对建设项目绿地面积占建设项目用地总面积的配套绿化比例作出明确规定：
（1）新建居住区内绿地面积占居住区用地总面积的比例不得低于 35%，其中用于建设集中绿地的面积不得低于居住区用地总面积的 10%；按照规划成片改建、扩建居住区的绿地面积不得低于居住区用地总面积的 25%。

（2）新建学校、医院、疗休养院所、公共文化设施，其附属绿地面积不得低于单位用地总面积的35%；其中，传染病医院还应当建设宽度不少于50m的防护绿地。

（3）新建工业园区附属绿地总面积不得低于工业园区用地总面积的20%，工业园区内各项目的具体绿地比例，由工业园区管理机构确定；工业园区外新建工业项目以及交通枢纽、仓储等项目的附属绿地，不得低于项目用地总面积的20%；新建产生有毒有害气体项目的附属绿地面积不得低于工业项目用地总面积的30%，并应当建设宽度不少于50m的防护绿地。

（4）新建地面主干道路红线内的绿地面积不得低于道路用地总面积的20%；新建其他地面道路红线内的绿地面积不得低于道路用地总面积的15%。

（5）新建铁路两侧防护绿地宽度按照国家有关规定执行。

（6）其他建设项目绿地面积占建设项目用地总面积的最低比例，由市绿化管理部门参照上述规定另行制定。

（7）在历史文化风貌保护区和优秀历史建筑保护范围内进行建设活动，不得减少原有的绿地面积。

（8）新建、扩建道路时，应当种植行道树。行道树的种植，应当符合行车视线、行车净空和行人通行的要求。行道树应当选择适宜的树种，其胸径不得小于8cm。

（9）本市新建公共建筑以及改建、扩建中心城内既有公共建筑的，应当对高度不超过50m的平屋顶实施绿化，屋顶绿化面积的具体比例由市人民政府作出规定。

3. 居住区绿化应当合理布局，选用适宜的植物种类，综合考虑居住环境与采光、通风、安全等要求。房屋四周乔木树冠外缘距住宅楼阳台或窗户（指主要采光面）应大于2m，并不得影响居民采光、通风、安全。

设计文件

　　建筑专业和景观专业的设计说明、施工图，相关经济技术指标（包括项目总用地面积、绿地面积、绿地率等）。

1.2　室内空气中的氨、甲醛、苯、总挥发性有机物、氡等污染物浓度应符合国家现行标准《民用建筑工程室内环境污染控制规范》GB 50325-2010（2013年版）和《室内空气质量标准》GB/T 18883-2002的有关规定

设计要点　1. 室内环境污染系指由建筑材料和装修材料产生的室内环境污染。

2. 国家现行标准《民用建筑工程室内环境污染控制规范》GB 50325-2010（2013年版）的有关规定要高于《室内空气质量标准》GB/T 18883-2002的要求。

相关标准

国家标准

名称	条文
《绿色建筑评价标准》 GB/T 50378-2014	8.1.7 室内空气中的氨、甲醛、苯、总挥发性有机物、氡等污染物浓度应符合现行国家标准《室内空气质量标准》GB/T 18883 的有关规定。
《绿色博览建筑评价标准》 GB/T 51148-2016	8.1.7 室内空气中的氨、甲醛、苯、总挥发性有机物、氡等污染物浓度符合现行国家标准《室内空气质量标准》GB/T 18883 的有关规定。博物馆藏品库房室内环境污染物浓度应符合现行行业标准《博物馆建筑设计规范》JGJ 66 的有关规定。
《绿色饭店建筑评价标准》 GB/T 51165-2016	8.1.5 室内空气中的氨、甲醛、苯、总挥发性有机物、氡等污染物浓度应符合现行国家标准《室内空气质量标准》GB/T 18883 的有关规定，并应定期检测。
《绿色医院建筑评价标准》 GB/T 51153-2015	8.1.6 室内游离甲醛、苯、氨、氡和总挥发性有机物污染物浓度应符合现行国家标准《室内空气质量标准》GB/T 18883 的有关规定。
《绿色商店建筑评价标准》 GB/T 51100-2015	8.1.6 室内空气中的氨、甲醛、苯、总挥发性有机物、氡等污染物浓度符合现行国家标准《室内空气质量标准》GB/T 18883 的有关规定。
《民用建筑工程室内环境污染控制规范》 GB 50325-2010（2013 年版）	1.0.3 本规范控制的室内环境污染物有氡（Rn-222）、甲醛、氨、苯和总挥发性有机化合物（TVOC）。 1.0.4 民用建筑工程根据控制室内环境污染的不同要求，划分为以下两类： 1 Ⅰ类民用建筑工程：住宅、医院、老年建筑、幼儿园、学校教室等民用建筑工程； 2 Ⅱ类民用建筑工程：办公楼、商店、旅馆、文化娱乐场所、书店、图书馆、展览馆、体育馆、公共交通等候室、餐厅、理发店等民用建筑工程。 1.0.5 民用建筑工程所选用的建筑材料和装修材料必须符合本规范的规定。

地方标准

名称	条文
《公共建筑绿色设计标准》 DGJ 08-2143-20**	6.4.1 建筑设计不应采用国家和上海市禁止和限制使用的建筑材料及制品。 6.4.2 室内装修采用的木地板及其他木质材料不应采用沥青、焦油类防腐防潮处理剂。 6.4.3 室内装修材料应符合下列要求： 1 采用的天然花岗石、瓷质砖等宜为 A 类； 2 采用的人造木板及饰面人造木板不宜低于 E1 级标准，细木工板宜为 E0 级； 3 不应采用聚乙烯醇缩甲醛类胶黏剂； 4 粘贴塑料地板时，不应采用溶剂型胶黏剂； 5 室内防水工程不宜使用溶剂型防水涂料。

名称	条文
《住宅建筑绿色设计标准》 DGJ 08-2139-20**	6.4.1 建筑设计不应使用国家和上海市禁止和限制使用的建筑材料。 6.4.2 室内装修采用的木地板及其他木质材料不应采用沥青、焦油类防腐防潮处理剂。 6.4.3 室内装修材料应符合下列要求： 1 采用的天然花岗石、瓷质砖等宜为 A 类； 2 采用的人造木板及饰面人造木板不宜低于 E1 级标准，细木工板宜为 E0 级； 3 不应采用聚乙烯醇缩甲醛类胶黏剂； 4 粘贴塑料地板时，不应采用溶剂型胶黏剂； 5 室内防水设防不得使用溶剂型防水涂料。

团体标准

名称	条文
《健康建筑评价标准》 中国建筑学会 TASC 02-2016	4.1.1 应对建筑室内空气中甲醛、TVOC、苯系物等典型污染物进行浓度预评估，且室内空气质量应满足现行国家标准《室内空气质量标准》GB/T 18883 的要求。 4.1.2 控制室内颗粒物浓度，PM2.5 年均浓度应不高于 $35\mu g / m^3$，PM10 年均浓度应不高于 $70\mu g/m^3$。 4.1.3 室内使用的建筑材料应满足现行相关国家标准的要求，不得使用含有石棉、苯的建筑材料和物品；木器漆、防火涂料及饰面材料等的铅含量不得超过 90mg/kg；含有异氰酸盐的聚氨酯产品不得用于室内装饰和现场发泡的保温材料中。 4.1.4 木家具产品的有害物质限值应满足现行国家标准《室内装饰装修材料木家具中有害物质限量》GB 18584 的要求，塑料家具的有害物质限值应满足现行国家标准《塑料家具中有害物质限量》GB 28481 的要求。

技术细则

名称	条文
《绿色数据中心评价技术细则》 住建部 2015 年 12 月版	8.1.10 人员活动区的游离甲醛、苯、氨、氡和 TVOC 等空气污染物浓度符合国家标准《民用建筑工程室内环境污染控制规范》GB 50325 的规定。
《绿色超高层建筑评价技术细则》 （修订版征求意见稿） 住建部 2016 年 5 月	8.1.7 建筑采用的室内装饰装修材料有害物质含量符合国家相关标准的规定。 8.1.8 建筑室内空气质量符合现行国家标准的相关规定。 11.2.6 室内空气中的氨、甲醛、苯、总挥发性有机物、氡、可吸入颗粒物等污染物浓度不高于现行国家标准《室内空气质量标准》GB/T 18883 规定限值的 70%，评价分值为 1 分。

名称	条文
《绿色养老建筑评价技术细则》 （征求意见稿） 住建部 2016 年 8 月	8.1.8 室内空气中的氨、甲醛、苯、总挥发性有机物、氡等污染物浓度应符合现行国家标准《室内空气质量标准》GB/T 18883 的有关规定。

实施途径　1. 室内空气中的氨、甲醛、苯、总挥发性有机物、氡等五类主要污染物浓度应符合国家现行标准《民用建筑工程室内环境污染控制规范》GB 50325-2010（2013 年版）和《室内空气质量标准》GB/T 18883-2002 的有关规定。

2. 国家现行标准《民用建筑工程室内环境污染控制规范》GB 50325-2010（2013 年版）中第 1.0.5 条"民用建筑工程所选用的建筑材料和装修材料必须符合本规范的规定"为强制性条文。

3. 国家现行标准《民用建筑工程室内环境污染控制规范》GB 50325-2010（2013 年版）对无机非金属建筑主体材料和装修材料、人造木板及饰面人造木板、涂料、胶黏剂、水性处理剂、阻燃剂、混凝土外加剂、黏合木结构材料、壁布、帷幕、壁纸、聚氯乙烯卷材地板、地毯、地毯衬垫中的有害物质限量作出明确规定。

设计文件

建筑施工各专业和室内设计等专业的设计说明、施工图，须对所选用的建筑材料和装修材料中的有害物质限量作出规定。

2　景观环境

2.1　结合现状地形地貌进行场地设计与建筑布局，保护场地内原有的自然水域、湿地和植被，采取表层土利用等生态补偿措施

设计要点　生态恢复或补偿措施，主要有：对土壤进行生态处理，对污染水体进行净化和循环，对植被进行生态设计，以恢复场地原有动植物生存环境等。

国家标准

名称	条文
《绿色建筑评价标准》 GB/T 50378-2014	4.2.12 结合现状地形地貌进行场地设计与建筑布局，保护场地内原有的自然水域、湿地和植被，采取表层土利用等生态补偿措施，评价分值为3分。
《绿色博览建筑评价标准》 GB/T 51148-2016	4.2.12 保护场地生态环境，评价总分值为3分，按下列规则分别评分并累计： 1 结合现状地形地貌进行场地设计与建筑布局，得1分； 2 保护场地内原有的自然水域、湿地和植被，或改造后采取生态恢复或生态补偿措施，得1分； 3 采取表层土利用措施，收集、改良并利用用地面积30%以上的表层土，得1分。
《绿色饭店建筑评价标准》 GB/T 51165-2016	4.2.13 结合现状地形地貌进行场地设计与建筑布局，保护场地内原有的自然水域、湿地和植被，采取表层土利用等生态补偿措施，评价分值为3分。
《绿色医院建筑评价标准》 GB/T 51153-2015	4.2.13 场地内生态保护结合现状地形地貌进行场地设计与建筑布局，保护场地内原有的自然水域、湿地和植被，采取生态恢复或补偿措施，充分利用表层土。本条评价总分值为3分，并应按表4.2.13的规则评分（略）。 注：依据赋分方式，结合现状地形地貌进行场地设计与建筑布局，保护场地内原有的自然水域、湿地和植被，采取生态恢复或补偿措施，充分利用表层土，得3分。
《绿色商店建筑评价标准》 GB/T 51100-2015	4.2.9 结合现状地形地貌进行场地设计与建筑布局，保护场地内原有的自然水域、湿地和植被，采取表层土利用等生态补偿措施，评价分值为5分。

地方标准

名称	条文
《公共建筑绿色设计标准》 DGJ 08-2143-20**	5.5.1 场地绿化与景观环境可按下列要求设计： 2 充分保护和利用场地内原有的树木、植被、地形和地貌景观。

技术细则

名称	条文
《绿色数据中心评价技术细则》 住建部2015年12月版	4.2.13 结合现状地形地貌进行场地设计与建筑布局，保护场地内原有的自然水域、湿地和植被，采取表层土利用等生态补偿措施。评价分值为6分。评价总分值：6分。
《绿色养老建筑评价技术细则》 （征求意见稿） 住建部2016年8月	4.2.13 结合现状地形地貌进行场地设计与建筑布局，保护场地内原有的自然水域、湿地和植被，采取表层土利用等生态补偿措施，评价分值为3分。

实施途径	1. 建设项目的规划设计应对场地可利用的自然资源进行勘查，充分利用原有地形地貌，尽量减少土石方工程量，减少开发建设过程对场地及周边环境生态系统的改变，包括原有植被（特别是胸径在 15cm ~ 40cm 的中龄期以上的乔木）、水体、山体、地表行洪通道、滞蓄洪坑塘洼地等。 2. 在建设过程中确需改造场地内的地形、地貌、水体、植被等环境状态时，应在工程结束后及时采取生态复原措施，减少对原场地环境的改变和破坏。 3. 表层土含有丰富的有机质、矿物质和微量元素，适合植物和微生物的生长，场地表层土的保护和回收利用是土壤资源保护、维持生物多样性的重要方法之一。建设项目的场地施工应合理安排，分类收集、保存并利用原场地的表层土。

设计文件

建筑专业和景观专业的设计说明、施工图，包括表层土利用方案、乔木等植被保护方案（保留场地内全部原有中龄期以上允许移植的乔木）、水面保留方案总平面图、竖向设计图、景观设计总平面图、拟采取的生态补偿措施与实施方案等。

2.2 合理选择绿化方式，科学配置绿化植物

设计要点	是否采用垂直绿化或屋顶绿化，应经技术经济分析论证。

相关标准

国家标准

名称	条文
《绿色建筑评价标准》 GB/T 50378-2014	4.2.15 合理选择绿化方式，科学配置绿化植物，评价总分值为 6 分，并按下列规则分别评分并累计： 1 种植适应当地气候和土壤条件的植物，采用乔、灌、草结合的复层绿化，种植区域覆土深度和排水能力满足植物生长需求，得 3 分； 2 居住建筑绿地配植乔木不少于 3 株 /100m²，公共建筑采用垂直绿化、屋顶绿化等方式，得 3 分。
《绿色博览建筑评价标准》 GB/T 51148-2016	4.2.15 合理选择绿化方式，科学配置绿化植物，评价总分值为 6 分，并按下列规则分别评分并累计：

名称	条文
《绿色博览建筑评价标准》 GB/T 51148-2016	1 种植适应当地气候和土壤条件的植物，采用乔、灌、草结合的复层绿化，种植区域覆土深度和排水能力满足植物生长需求，得 3 分； 2 采用垂直绿化、屋顶绿化等方式，屋顶绿化面积占屋顶可绿化面积的比例不小于 30%，或外墙垂直绿化面积占 10m 以下外墙总面积的比例不小于 5%，得 3 分。
《绿色饭店建筑评价标准》 GB/T 51165-2016	4.2.16 合理选择绿化方式，科学配置绿化植物，评价总分值为 6 分，并按下列规则分别评分并累计： 1 种植适应当地气候和土壤条件的植物，采用乔、灌、草结合的复层绿化，种植区域覆土深度和排水能力满足植物生长需求，得 3 分； 2 屋顶绿化占屋顶可绿化面积的比例不小于 30%，得 2 分； 3 建筑采用垂直绿化，得 1 分。
《绿色医院建筑评价标准》 GB/T 51153-2015	4.2.16 合理选择绿化方式，科学配置绿化植物。本条评价总分值为 6 分，并应按表 4.2.16 的规则评分（略）。 注：依据赋分方式，种植适应当地气候和土壤条件的植物，并采用乔、灌、草结合的复层绿化，且种植区域覆土深度和排水能力满足植物生长需求，得 3 分；绿地采用垂直绿化、屋顶绿化等方式，得 3 分。
《绿色商店建筑评价标准》 GB/T 51100-2015	4.2.12 屋顶或墙面合理采用垂直绿化、屋顶绿化等方式，并科学配置绿化植物，评价分值为 5 分。

地方标准

名称	条文
《公共建筑绿色设计标准》 DGJ 08-2143-20**	5.5.1 场地绿化与景观环境可按下列要求设计： 1 场地水景应以自然软体为主，保证水质清洁，计入绿地率的水景面积不应大于总绿地面积的 30%； 2 充分保护和利用场地内原有的树木、植被、地形和地貌景观； 3 每块集中绿地的面积不应小于 400m²； 4 可进入活动休息的绿地面积应大于等于总绿地面积的 30%； 5 绿地中的园路地坪面积不应大于 15% 总绿地面积，硬质景观小品面积不应大于 5% 总绿地面积，绿化种植面积不应小于总绿地面积的 70%； 6 空旷的活动、休息场地的乔木覆盖率不宜小于该场地面积的 45%。应以落叶乔木为主，以保证活动和休息场地夏有庇荫、冬有日照； 7 建筑外墙宜采用垂直绿化，垂直绿化面积不应少于建筑外墙面积的 10%； 8 建筑屋顶宜采用种植屋面，可采用草坪式、组合式和花园式等屋顶绿化形式，屋顶绿化面积不应少于可绿化屋顶面积的 30%； 9 草坪式屋顶绿化覆土厚度不应小于 100mm，花园式屋顶绿化覆土厚度不应小于 900mm。

名称	条文
《公共建筑绿色设计标准》 DGJ 08-2143-20**	5.5.2 绿化种植种类应符合下列要求： 1 选择上海地区的适生植物和草种； 2 选择少维护、耐候性强、病虫害少、对人体无害的植物； 3 应采用乔木、灌木和草坪结合的复层绿化，种植土土层应符合各类乔木、灌木、草本植物的生长条件。 5.5.5 下凹式绿地宜设置在集中绿地中。设置下凹式绿地时，其设计应符合下列规定： 1 下凹式绿地率不应低于 10%； 2 下凹式绿地边缘距离建筑物基础的水平距离不宜小于 3.0m，当小于 3.0m 时，应在其边缘设置厚度不小于 1.2mm 的防水膜； 3 下凹式绿地的标高应比周边铺装地面或道路低 100 ~ 200mm； 4 下凹式绿地内应设置溢流雨水口，保证暴雨时径流的溢流排放，溢流雨水口顶部标高宜高于绿地 50 ~ 100mm； 5 当径流污染严重时，下凹式绿地的雨水进水口应设置拦污设施； 6 下凹式绿地的植物品种应选择本地适生的耐水湿植物和宜共生群生的观赏性植物。 5.5.6 下凹式绿地不宜设置在地下室顶板之上，当设置在顶板之上，绿地覆土厚度不应小于 1.5m，且应采取相应的导水构造措施。 5.5.7 雨水花园应设置在集中绿地内，雨水花园周边应采取安全防护措施。 5.5.8 雨水花园设计应符合下列规定： 1 雨水花园构造应在素土夯实之上设置排水层、填料层、过渡层、种植层、覆盖层、蓄水层； 2 边缘距离建筑物基础不小于 3.0m； 3 应选择在地势平坦、土壤排水性良好的场地，不得设置在供水系统或水井周边； 4 雨水花园应设置溢流设施，溢流设施顶部应比场地或道路汇水面低 100mm； 5 雨水花园底部与地下水季节性高水位的距离不应小于 1.0m，当不能满足要求时，应在底部敷设防渗材料。 6 雨水花园应分散布置，面积宜为 30 ~ 40m², 蓄水层宜为 200mm, 边坡宜为 1/4。
《住宅建筑绿色设计标准》 DGJ 08-2139-20**	5.5.1 场地绿化与景观环境设计应满足下列要求： 1 充分利用住宅建筑屋顶、阳台、墙面、车棚、地下车库出入口、地下设施通风口、围墙进行立体绿化设计； 2 住宅建筑南面绿地宽度不小于 8m，北面绿地宽度不小于 3m，东、西面绿地宽度不小于 2m；

名称	条文
《住宅建筑绿色设计标准》 DGJ 08-2139-20**	3 每块集中绿地的面积不小于 400m²，且至少有 1/3 的绿地面积在规定的建筑间距范围之外； 4 可供居民进入活动休息的绿地面积应大于等于总绿地面积的 30%； 5 绿地中的园路地坪面积不应大于总绿地面积的 15%，硬质景观小品面积不应大于总绿地面积的 5%，绿化种植面积不应小于总绿地面积的 70%。 6 建筑外墙宜采用垂直绿化，垂直绿化面积不应少于建筑外墙面积的 10%； 7 建筑屋顶宜采用种植屋面，可采用草坪式、组合式和花园式等屋顶绿化形式，屋顶绿化面积不应少于可绿化屋顶面积的 30%； 8 草坪式屋顶绿化覆土厚度不应小于 100mm，花园式屋顶绿化覆土厚度不应小于 900mm。 5.5.2 绿化种植应符合下列要求： 1 植物配置树种选择应以体现地域性植被景观的乡土树种为主，适当引进成熟的能适应本地区气候条件的新树种，宜采用观花、观叶、观果植物并有机结合； 2 选择少维护、耐候性强、病虫害少、对人体无害的植物，并兼顾保健植物、鸟嗜植物、香源植物、蜜源植物、固氮植物等； 3 以乔木为绿化骨架，乔木种植不少于 3 株 /100m²，乔木、灌木、地被、草花、草坪有机结合； 4 乔木种植不应影响住宅日照、通风和采光，大乔木与有窗建筑的距离：东面不宜小于 5m，西面不宜小于 3m，南面不宜小于 8m，北面不宜小于 5m。 5.5.4 居住区内人行道路、绿地等应进行无障碍设计，应符合国家现行标准《无障碍设计规范》GB 50763 的相关规定。 5.5.5 基地内道路、广场地面设计标高宜高于周边绿地标高，绿地内设置的雨水口不应排向道路和广场。 5.5.6 下凹式绿地宜设置在集中绿地中。设置下凹式绿地时，其设计应符合下列规定： 1 下凹式绿地率不应低于 10%； 2 下凹式绿地边缘距离建筑物基础的水平距离不宜小于 3.0m，当小于 3.0m 时，应在其边缘设置厚度不小于 1.2mm 的防水膜； 3 下凹式绿地的标高应比周边铺装地面或道路低 100 ~ 200mm； 4 下凹式绿地内应设置溢流雨水口，保证暴雨时径流的溢流排放，溢流雨水口顶部标高宜比绿地高 50 ~ 100mm； 5 当径流污染严重时，下凹式绿地的雨水进水口应设置拦污设施； 6 下凹式绿地的植物品种应选择本地适生的耐水湿植物和宜共生群生的观赏性植物。 5.5.7 下凹式绿地不宜设置在地下室顶板之上，当设置在顶板之上，绿地覆土厚度不应小于 1.5m，且应采取相应的导水构造措施。

名称	条文
《住宅建筑绿色设计标准》 DGJ 08-2139-20**	5.5.8 雨水花园应设置在集中绿地内，雨水花园周边应采取安全防护措施。 5.5.9 雨水花园设计应符合下列规定： 1 雨水花园构造应在素土夯实之上设置排水层、填料层、过渡层、种植层、覆盖层、蓄水层； 2 边缘距离建筑物基础不少于 3.0m； 3 应选择在地势平坦、土壤排水性良好的场地，不得设置在供水系统或水井周边； 4 雨水花园应设置溢流设施，溢流设施顶部应比汇水面低 100mm； 5 雨水花园底部与地下水季节性高水位的距离不应小于 1.0m，当不能满足要求时，应在底部敷设防渗材料。 6 雨水花园应分散布置，面积宜为 30 ~ 40m²，蓄水层宜为 200mm，边坡坡度宜为 1/4。

技术细则

名称	条文
《绿色数据中心评价技术细则》 住建部 2015 年 12 月版	4.2.16 合理选择绿化方式，科学配置绿化植物。评价分值为 6 分。
《绿色超高层建筑评价技术细则》（修订版征求意见稿） 住建部 2016 年 5 月	4.2.11 科学配置绿化植物，评价总分值为 7 分，并按下列规则分别评分并累计： 1 种植适应当地气候和土壤条件的植物，采用乔、灌、草结合的复层绿化，得 4 分； 2 种植区域覆土深度和排水能力满足植物生长需求，得 3 分。
《绿色养老建筑评价技术细则》（征求意见稿） 住建部 2016 年 8 月	4.2.16 合理选择绿化方式，科学配置绿化植物，评价总分值为 6 分，按下列规则分别评分并累计： 1 种植适应当地气候和土壤条件的植物，采用乔、灌、草结合的复层绿化，种植区域覆土深度和排水能力满足植物生长需求，适当选用可鼓励老年人参与的种植劳作的品种，得 3 分； 2 老年人住宅和老年人公寓绿地配植乔木（高度 5m 以上），不少于 3 株/100m²，养老设施建筑采用垂直绿化、屋顶绿化等方式，得 3 分。

实施途径　1. 场地绿化应以落叶乔木为主，既提高绿地的空间利用率、增加绿化量，也保证活动和休息场地夏有庇荫、冬有日照。

2. 种植区域覆土深度一般为：乔木 >1.2m，深根系乔木 >1.5m，灌木 >0.5m，草坪地被 >0.3m。

3. 屋顶放置花盆的方式不可算作屋顶绿化。

4. 屋顶可绿化面积不包括放置设备、管道、太阳能板、遮阳构架、通风架空屋面等设施所占面积，不包括轻质屋面和坡度大于 15° 的坡屋面等，也不包括电气用房和顶层房间有特殊防水工艺要求的屋面面积。

5. 垂直绿化与地面基本垂直，利用檐、墙、杆、栏等栽植藤本植物、攀援植物和垂吊植物。垂直绿化适合在西向、东向、南向的低处种植。

6. 墙外种植的落叶阔叶乔木、室内垂直绿化、景观小品和围墙栏杆上的垂直绿化不计入垂直绿化。

设计文件

建筑专业和景观专业的设计说明、施工图，相关经济技术指标（包括项目总用地面积、绿地面积、绿地率、景观园林种植平面图和苗木表等）。

3 室内设计

3.1 土建工程与装修工程一体化设计

| **设计要点** | 对土建设计和装修设计统一协调，在土建设计时考虑装修设计需求，事先进行孔洞预留和装修面层固定件的预埋，避免在装修时对已有建筑构件打凿、穿孔。 |

相关标准

国家标准

名称	条文
《绿色建筑评价标准》 GB/T 50378-2014	7.2.3 土建工程与装修工程一体化设计，评价总分值为 10 分，并按下列规则评分： 1 住宅建筑土建与装修一体化设计的户数比例达到 30%，得 6 分；达到 100%，得 10 分； 2 公共建筑公共部位土建与装修一体化设计，得 6 分；所有部位均土建与装修一体化设计，得 10 分。
《绿色博览建筑评价标准》 GB/T 51148-2016	7.2.3 土建工程与装修工程一体化设计，评价总分值为 10 分，按下列规则评分：

名称	条文
《绿色博览建筑评价标准》 GB/T 51148-2016	1 博物馆建筑的公众区域，展览馆建筑的公共服务空间采用土建与装修一体化设计，得 6 分； 2 所有部位土建与装修一体化设计，得 10 分。
《绿色饭店建筑评价标准》 GB/T 51165-2016	7.2.3 土建工程与装修工程一体化设计，评价总分值为 10 分，按下列规则分别评分并累计： 1 土建、装修等各专业图纸齐全，无漏项，得 4 分； 2 在业主组织协调下，土建设计与装修设计对一体化设计进行技术交底，并提供证明文件，得 2 分； 3 装修设计出图时间在项目土建施工开始之前，得 2 分； 4 对于泳池等专项装修设计，合同中对于土建装修一体化进行工作界面约定，得 2 分。
《绿色医院建筑评价标准》 GB/T 51153-2015	7.2.7 土建设计考虑装修需求，公共部位土建与装修工程一体化设计，不破坏和拆除已有的建筑构件及设施，避免重复装修及返工。本条评价总分值为 10 分，并应按表 7.2.7 的规则评分（略）： 注：依据赋分方式，走廊、大厅等土建与装修一体化设计，得 6 分；卫生间土建与装修一体化设计，得 4 分。
《绿色商店建筑评价标准》 GB/T 51100-2015	7.2.3 公共部位土建工程与装修工程一体化设计、施工，评价分值为 7 分。

技术细则

名称	条文
《绿色数据中心评价技术细则》 住建部 2015 年 12 月版	7.2.3 土建工程与装修工程一体化设计。评价分值为 5 分。 对公共部位及所有功能空间均进行了土建装修一体化设计的，得 5 分。 评价总分值：5 分。
《绿色超高层建筑评价技术细则》 （修订版征求意见稿） 住建部 2016 年 5 月	7.2.3 土建工程与装修工程一体化设计。减少后期对已有建筑构件及设施的破坏和拆改。评价总分值为 10 分。并按下列规则分别评分并累计： 1 对于租售空间，在土建设计时考虑装修设计需求，事先进行孔洞预留和装修面层固定件的预埋，得 6 分； 2 对于自用空间，装修专业与土建的建筑、结构、给排水、暖通、电气等各专业共同完成从方案到施工图的工作，得 4 分。
《绿色养老建筑评价技术细则》 （征求意见稿） 住建部 2016 年 8 月	7.2.2 室内装修与土建工程一体化设计，家具与房屋主体相连接，评价分值为 10 分。

实施途径	要求对土建设计和装修设计统一协调,在土建设计时考虑装修设计需求,事先进行孔洞预留和装修面层固定件的预埋,土建各专业和室内设计专业共同完成从方案到施工图的工作。

设计文件

土建各专业和室内设计专业的设计说明、施工图。

3.2 合理采用耐久性好、易维护、经济适用的装饰装修建筑材料

设计要点	合理选择坚固、耐用、易维护的装饰装修建筑材料。

相关标准

国家标准

名称	条文
《绿色建筑评价标准》 GB/T 50378-2014	7.2.14 合理采用耐久性好、易维护的装饰装修建筑材料,评价总分值为 5 分,并按下列规则分别评分并累计: 1 合理采用清水混凝土,得 2 分; 2 采用耐久性好、易维护的外立面材料,得 2 分; 3 采用耐久性好、易维护的室内装饰装修材料,得 1 分。
《绿色博览建筑评价标准》 GB/T 51148-2016	7.2.14 合理采用耐久性好、易维护的装饰装修建筑材料,评价总分值为 5 分,按下列规则分别评分并累计: 1 合理采用清水混凝土,得 2 分; 2 采用耐久性好、易维护的外立面材料,得 2 分; 3 采用耐久性好、易维护的室内装饰装修材料,得 1 分。
《绿色饭店建筑评价标准》 GB/T 51165-2016	7.2.11 合理采用耐久性好、易维护、经济适用的装饰装修建筑材料,评价总分值为 8 分,按下列规则分别评分并累计: 1 合理采用清水混凝土,得 2 分; 2 采用耐久性好、易维护的外立面材料,得 2 分; 3 合理采用耐久性好、易维护的室内装饰装修材料,得 2 分; 4 合理采用经济适用的室内装饰装修材料,得 2 分。

名称	条文
《绿色医院建筑评价标准》 GB/T 51153-2015	7.2.6 室内装修材料的选择要求达到坚固、结实、耐用。内隔墙面材、门垭口、门和墙柱阳角的面材可抵抗水平冲击的破坏。墙面、地面、顶棚等部位应使用易清洁、耐擦洗建筑材料。本条评价总分值为 10 分，并应按表 7.2.6 的规则评分（略）。 注：依据赋分方式 1）内墙涂料洗刷次数 ≥ 5000 次；2）陶瓷砖破坏强度 ≥ 400N，耐污性 2 级；橡胶地板耐污性、耐磨性满足现行国家标准《硫化橡胶或热塑性橡胶耐磨性能的测定》GB/T 9867 要求；PVC 地板满足欧洲标准 EN660 中耐磨性 T 级要求；其他地面材料应满足相应性能要求；3）内隔墙面材、门垭口、门和墙柱阳角的面材耐冲击性好或增加防撞设施；4）墙面、地面、顶棚易清洁、耐擦洗。符合 1 项要求得 6 分，2 项得 8 分，3 项及以上得 10 分。
《绿色商店建筑评价标准》 GB/T 51100-2015	7.2.14 合理采用耐久性好、易维护的装饰装修建筑材料，评价总分值为 4 分，按下列规则分别评分并累计： 1 合理采用清水混凝土或其他形式的简约内外装饰设计，得 1 分； 2 采用耐久性好、易维护的外立面材料，得 2 分； 3 采用耐久性好、易维护的室内装饰装修材料，得 1 分。

技术细则

名称	条文
《绿色数据中心评价技术细则》 住建部 2015 年 12 月版	7.2.13 合理选用防潮建筑材料。按下列规则分别评分并累计： 1 围护结构选材满足防潮要求，得 3 分； 2 面层不使用强吸湿性材料及未经表面改性处理的高分子绝缘材料，得 2 分。 评价总分值：5 分。 7.2.14 合理选用不易积灰、易于清洁、耐磨的装饰装修材料。按下列规则分别评分并累计： 1 各处表面应平整光滑，较少凹凸面，得 1 分； 2 地面材料平整、耐磨，得 1 分； 3 顶棚、墙壁、机房地面、活动地板下的地面及四壁装饰等部位选用不易积灰、不起尘、易于清洁的饰面材料，得 3 分。 评价总分值：5 分。 7.2.15 视觉作业环境内选用低光泽、防眩光的表面材料。 评价总分值：5 分。 7.2.16 合理选用防静电材料。按下列规则分别评分并累计： 1 地面材料（架空地板）具有长期稳定防静电性能，得 3 分； 2 工作台面采用静电耗散材料，得 2 分。 评价总分值：5 分。

名称	条文
《绿色数据中心评价技术细则》 住建部 2015 年 12 月版	7.2.17 合理选用高耐久性装饰装修材料。按下列规则分别评分并累计： 1 合理选用耐候型防腐涂料，得 3 分； 2 合理选用高耐久性密封胶，得 2 分； 评价总分值：最高 5 分。
《绿色超高层建筑评价技术细则》 （修订版征求意见稿） 住建部 2016 年 5 月	7.2.13 合理采用耐久性好、易维护的装饰装修建筑材料。评价总分值为 5 分，评分规则如下： 1 采用耐久性好的外立面材料，得 2 分； 2 采用耐久性好、易维护的室内装饰装修材料，得 2 分； 3 地下车库等部位合理使用清水混凝土，得 1 分。
《绿色养老建筑评价技术细则》 （征求意见稿） 住建部 2016 年 8 月	7.2.10 室内地面材料选用平整防滑、易清洁的材料。评价分值为 2 分。 7.2.11 室外机动车道路采用低噪或降噪路面。评价分值为 2 分。 7.2.12 走廊内墙面阳角处 1.80m 以下采用软性材料包裹，避免碰撞意外伤害。评价分值为 2 分。 7.2.13 走廊及楼梯等部位的公共扶手选用传热系数低的天然材料。评价分值为 2 分。

设计文件

建筑专业和室内设计专业的设计说明、施工图。